长江新创意设计丛书 · 第二辑

# "好"玩具设计
## The Joy of Toy Design

张跃 著

山东美术出版社
SHANDONG FINE ARTS PUBLISHING HOUSE
济南

**图书在版编目（CIP）数据**

"好"玩具设计 / 张跃著 . —— 济南 : 山东美术出
版社 , 2025.1

（长江新创意设计丛书 . 第二辑）

ISBN 978-7-5747-0187-8

Ⅰ . ①好… Ⅱ . ①张… Ⅲ . ①玩具－设计 Ⅳ .
① TS958.02

中国国家版本馆 CIP 数据核字 (2024) 第 007476 号

策　　划：陈彦青
责任编辑：常馨鑫　贾　琼
责任校对：蒋芊芊　王雅柳
书籍设计：蔡奇真　陈勋腾 @OFD
图文整理：樊雪儿　陈天琪

主管单位：山东出版传媒股份有限公司
出版发行：山东美术出版社
　　　　　济南市市中区舜耕路 517 号书苑广场（邮编：250003）
　　　　　http://www.sdmspub.com
　　　　　E-mail:sdmscbs@163.com
　　　　　电话：(0531) 82098268　传真：(0531) 82066185
　　　　　山东美术出版社发行部
　　　　　济南市市中区舜耕路 517 号书苑广场（邮编：250003）
　　　　　电话：(0531) 86193028　86193029
制版印刷：山东新华印务有限公司
开　　本：889mm×1194mm　1/16
印　　张：12
字　　数：150 千
版　　次：2025 年 1 月第 1 版　2025 年 1 月第 1 次印刷
定　　价：98.00 元

书稿中如有版权问题，请联系编辑部。

# 目录

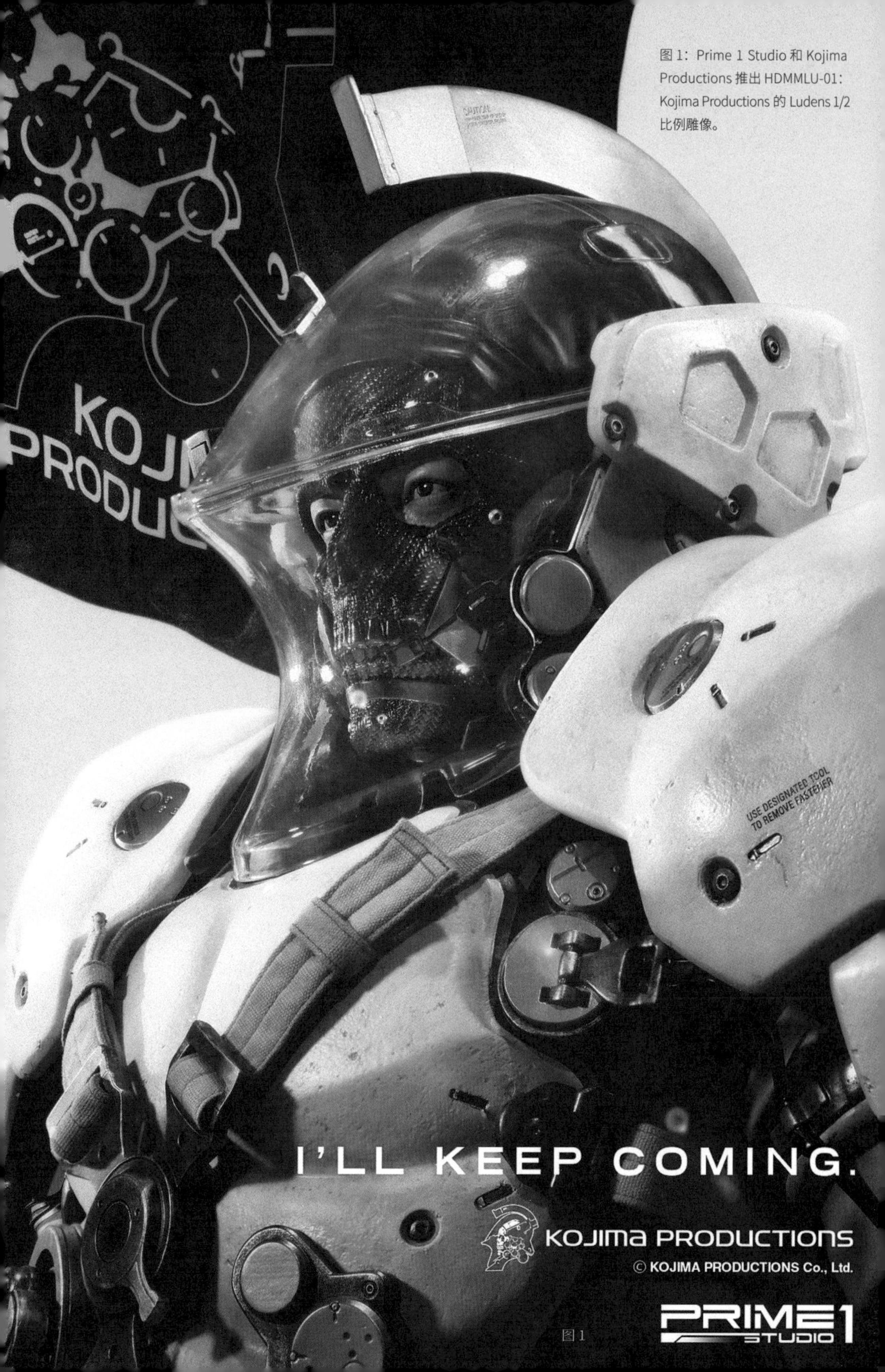

I'LL KEEP COMING.

KOJIMA PRODUCTIONS

© KOJIMA PRODUCTIONS Co., Ltd.

PRIME1 STUDIO

图 1

# 前言 · **缘起陌生人**

2006 年秋天，我与研一的师弟一同前往北京，参观北京国际汽车展览会。当年的展览会可以说是盛况空前，国内外的多家汽车品牌都借此机会发布新车以及概念车，展厅里更是人声鼎沸，音乐激情四射……此等盛况对于第一次参观国际汽车展览会的我来说，既兴奋又解渴，我与师弟从早晨 9 点入场到下午 6 点闭馆，马不停蹄地奔走在不同的展厅之间，甚至忘记了午饭。

我们结束了一天的参观，匆匆赶往师弟的一位好友家中投宿。虽然已经是深夜，但同龄人相处总是很容易的，我们三人谈天说地，甚是开心，聊的话题主要有汽车、学业、未来等等，另外，还有一个我不熟知的话题：玩具。第二天清早离开时，房主送给我一盒万代公司出品的 sd 高达战士拼装玩具，作为相识的礼物……

图 2：万代出品 sd 高达战士系列之红异端。其拼装简易，造型呆萌，深受各年龄段玩家的喜爱。

图 2

这是我的第一盒机甲拼装玩具，满怀新奇地拼装完成后，捧在手心欣赏了许久，其完美的尺寸比例设定、精美的零件制造工艺、舒适的拼装手感和传神的细节刻画都给我留下了深刻的印象，至今难忘。虽然我也如同龄的孩子一样，在孩童阶段或多或少拥有过一些玩具，但直到这盒拼装玩具的出现，才真正地带领我进入了玩具王国。渐渐地，我开始留意新发布的玩具信息，同时也花很多时间用来研究已有的经典玩具，分析它们的设计亮点，结构的合理性以及材料应用方法等等，慢慢地从一个玩家的身份过渡到玩具设计师的角色。

2008 年秋天，我来到广东省汕头市参加工作，当时的汕头市澄海地区早已成为中国玩具制造中心，这里诞生过很多伴随男孩成长的奥迪双钻（四驱车产品）、女孩们梦寐以求的芭比娃娃，还有各种各样的塑胶玩具（水枪、动物模型、魔方等等），产业规模庞大且配套完善。但是，澄海地区玩具行业的真实情况却与表面看起来的蓬勃发展截然相反。因为在澄海地区存在着很多没有自主研发能力和缺少核心技术的企业，还有很多家庭式的小作坊做着计件供应的生意，所生产的多种玩具也都是靠模仿造型、降低材料标准和人工成本来换取竞争力的。这显然不是一条可以长期发展的路线。

2019 年秋天，日本万代南梦宫向上海市公安局黄浦分局赠送了一座金色限量"独角兽"高达和一块"执法维权先锋、知识产权卫士"牌匾，以向民警致谢。网友们感叹道，这些外资企业也是相当地入乡随俗。这虽然是一件普通的商业案件，但背后透露的信号很重要：中国正进一步扩大开放，助力创新创造，营商环境也越来越好了。

2020 年秋天，受到全球疫情的持续影响，海外市场严重萎缩，澄海地区的玩具产业发展遇到了难题，这个难题是之前蓬勃发展时期所不能预见的。很多家庭式小作坊因为没有生意而停业或转行，很多中大型企业因为海外订单的取消而面临停摆，库存压力持续增加，加之受近期国家出台的部分地区"限电限产"的政策影响，澄海地区的玩具行业面临着极大的考验。

早在前些年，我已经开始与澄海地区的多家玩具品牌接触，尝试共同合作发展，与其合作的原因有很多，当中最重要的一点是：我讲授的产品设计专业课程的范围之内，包含了玩具设计的内容，合作可以把讲授的理论与当地的生产实践很好地结合起来，让产品设计专业的学生拥有一片理想的"试验田"。当然，对玩具的喜爱和对中国玩具行业发展的担忧，也是推动我走出校门，面向行业实景的内在动机。

2024年秋天，我终于静下心来完成这本书，虽然自己还未在玩具设计方面取得什么成果，对中国的玩具行业发展也未做出什么贡献，但看到国内的学者对玩具行业的研究相对较少，特别是高等教育阶段，对玩具设计基础教育或教学方法的探讨更是稀缺，所以萌生了写一本关于塑胶玩具设计的书的想法。希望给设计爱好者、青少年、高等教育阶段的学生们，提供一本令他们主动去发现乐趣，了解玩具设计开发基础的书。同时，也献给在2006年秋天，送给我玩具并让我步入玩具王国的那位朋友，惭愧的是，因为当时离开得匆忙，至今我都不知他的名字。

与玩具的缘，起于陌生人。

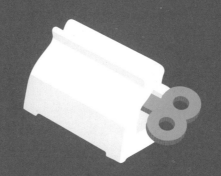

## 第一章

# 之上

## on before

在我们开始谈玩具设计专业内容之前，我想先来聊一些看似和玩具设计工作没什么联系的内容，这些内容在我看来要比学习玩具设计本身更为重要。

我只想说：要学会生活。要善于从平凡的生活情境中获取知识和灵感，不要将设计工作与日常生活割裂开。设计源于生活，设计本身就是为了让人们更好地生活，设计师其实就是基于对生活体验的不断总结和修正，从而再进行创新设计。

其实在生活中，我们都是设计师，只不过我们和真正的设计师的区别就在于是否将自己的想法付诸实践。比如，在牙膏快要使用完的时候，那些不容易被挤出的牙膏怎样才能顺利地用完呢？如果有个像夹子一样的东西，或者通过转动原理就可以把剩余的牙膏挤出来的产品该多好呢？然而，当我们发现这个问题的时候，网购平台上已经有很多此类产品正在销售了，产品形式可谓多种多样，有简易廉价的，也有体现满满科技感的等等。所以说设计源于生活，其目的是让生活变得更舒适，更有乐趣，更美好，玩具设计当然也不例外。那么，在学习设计之前，先要学会热爱生活。

**第一节 玩具真的好玩吗？**

玩具当然是好玩的，但我们首先要来界定什么是玩具。如果一切好玩的物件都可以称其为玩具的话，那么，趁着周末午后的阳光，给自己做一杯手冲咖啡，精巧的冲泡设备是好玩的玩具；赛一场卡丁车比赛，"Zoom！Zoom！"的卡丁车是你的玩具；坚持到双腿麻木才能完成的一盘围棋，博弈间，黑白也化身为乐趣的载体。随着时代的进步，好玩的物件越来越多，"玩具"就是它们的统称。其次，玩具的种类是非常丰富的，以年龄来划分有适合各年龄阶段的玩具：婴幼儿玩具、少儿玩具、青少年玩具、成年人玩具和老年人玩具。比如：二十世纪八九十年代的日本玩具市场中，先后出现了钢普拉[1]模型（高达）、任天堂的初代游戏机（红白机）、电子宠物（拓麻歌子）等代表性玩具，以上产品均在各自针对的年龄阶段市场中取得了成功。另外，随着科技的进步，材料应用和制造方式也不断地丰富和完善，打破了材料和制造的局限性壁垒，促进玩具种类进一步增加。如今的玩具市场中，既有一体成型的塑胶玩具，也有超级复杂（1000 个零件以上）且极具科技感的拼装模型，更有具备交互功能的智能玩具等等。玩具的多样性发展带给不同人群以不同的乐趣，并在我们这个时代达到了前所未有的高度。

如果从社会生活的角度来看待玩具是否好玩的话，那么，有趣的事情中常常包含着好玩的玩具，比如大家都很喜欢的足球、篮球运动中，球就是个玩具。当然，对于职业运动员来说，球赛是工作，并不是娱乐项目。但我相信，每个职业球员都在成长阶段体会到了"球"给他带来的快乐，因为好玩，所以走上了职业道路，并将这种快乐延续一生。如果从玩具本身出发看待玩具是否好玩的话，那么，一个对魔方感兴趣的孩子，长大后可能是个数学家或建筑师；每天都给芭比娃娃穿衣打扮的孩子，长大后可能是个设计师或美妆博主。虽然其中并没有必然联系，但不能否认，"好玩"是很多事物发展并达成结果的最初动因。

图 3

图 3：古早高达之 RX-78-2/PG（PERFECT GRADE）1.0 元祖高达，是迄今为止最受欢迎的高达机体，也是推出各类玩具数量最多的。PG1.0 元祖高达诞生于 1998 年，2020 年万代公司推出了新品 RX-78-2/PGU2.0 元祖高达。

图 4

图 4：电子宠物（拓麻歌子）2021年新版游戏机，来领养一只交互式虚拟宠物吧。

图 5

图 5：Nintendo 任天堂红白机，2016 年 11 月任天堂发售了红白机的复刻版本，给了全球玩家一个找回童年的机会。

图6

图6：国际象棋，又称西洋棋，一种两人对弈的、古老的棋盘游戏，有将近 2000 年的发展历史。

图7

图7：泥塑是中国传统的一种古老而又常见的民间艺术，即用黏土塑制成各种形象的一种民间手工艺。其中泥塑动物等可人形象深受孩童们喜爱。

图8

图8：陶球是一种陶器，直径 4.3cm，夹砂红陶，球呈正圆形，中空，内有小泥丸，振荡有声，出土于薛家岗遗址。

图9

图9：1796 年，瑞士人安托·法布尔开发了圆筒形八音盒，这是世界上最古老的八音盒。慢慢跟随着技术的发展迭代，八音盒的制作技艺也愈发精湛，如今八音盒已成为人们走亲访友的馈赠佳品。

人类善于发现和创造有乐趣的事物，当我们意识到在不同造型形态之间来回转换，能锻炼自己的空间想象能力与动手能力是件有趣的事情时，变形玩具就被设计出来了；当我们意识到激烈运动，开发身体极限能力是件有趣的事情时，各项体育运动就诞生了，随之也诞生了不同的道具或玩具形式。同样，我们更善于去发现新的乐趣并主观地做出判断，这个判断会决定你是否会进一步体验这件事。渐渐地，我们会把一件有意思的事情，归纳整理并设计为一件产品，这就是玩具。所以，玩具伴随有趣的事情而产生，它是每件有趣事情的精华所在。

## 第二节　走进塑胶玩具王国

自从人类有造物活动开始，在发明创造各种生产工具以满足劳动建设需要的同时，也创造了用于消遣娱乐的玩具。正如舞蹈和歌唱的诞生与劳动生产效率提高的关系一样，最初的玩具也是从人类的劳动、创造等日常生活中得到启发，汲取创作灵感和素材，其根本还是劳动生产的延续，但这种延续的目的是让人类可以在精神层面得以丰富，从而愉悦身心，激发更多的创造力。

从新石器时代出现的石球和陶球到封建社会时期的金属九连环和泥塑动物；从唐宋时期出现的竹木风筝和陶瓷俑到明清时期由"西洋"传入的复杂精密的八音盒等；从近代出现的西洋棋和积木到现代出现的科技智能化玩具。通过对玩具发展史的简单梳理，我们不难发现玩具世界是丰富多彩、种类繁多的，其成员的增加和变化是随着社会生产力的进步而不断发展的。另外，新材料的出现和全面应用同样促进了玩具在多个方面（如塑形难度、耐久性、细节精致程度、互动性等）的创新发展。按材料来分类，可以概括为：泥土、金属、纸品、绒布、塑胶玩具等等。在当今的时代背景下，材料已经得到了充分的运用，玩具行业也开发出来了各种各样的玩具，针对不同的人也有不同的玩具产品。

所以，玩具之间不存在哪一种比另一种更好玩，只是针对不同的人群有不同的划分，玩具的不同玩法也会吸引到不同的人。不同性别、性格、年龄层的人喜欢的玩具也都有所差异，女生可能会更偏爱角色扮演类的过家家玩具，男生可能会更喜爱机甲、赛车等外表酷炫、需要组装的玩具。同一类玩具的设计点也可能针对不同类型的玩家有所差异，比如变形玩具有的分件多，有的分件少。分件多的成本大，定价相对较贵，适合喜好复杂拼装过程的高端玩家。分件的多少并不决定玩具的好玩程度，只是针对的玩家人群和玩具价位不同，有不同的设计。

在现代社会的飞速发展进程中，玩具的样式和品种也在不断变化着，你所能想象到的或无法想象到的玩具都是存在的。由于本书以塑胶玩具为主要讲述对象，以下列举一些知名的玩具品牌和大家比较熟悉的代表产品，以方便对塑胶玩具王国建立一个初步的印象。

图 10

图 10：积木可谓是最受婴幼儿欢迎的玩具种类，有着开发儿童智力的功能。常见材料有木质、塑胶等，可搭建成不同样式的立体图形，培养孩子的想象力和创造力。

图 11：乐高出品的奔驰 4x4Zetros 卡车积木玩具，其设计亮点有很多，除了以积木的方式来还原卡车造型之外，更加吸引人的是其内部仿真机械结构设计，谁能想到用积木可以实现真实越野车的四驱分动结构呢？

## （一）乐高

乐高可谓是深似海，它种类繁多，有积木类、益智组合类、交通玩具类等等，就交通玩具类而言，比如乐高的这款 42129 奔驰 4x4Zetros 测试卡车，这个模型相当大，高 21 厘米，长 48 厘米，宽 19 厘米。这款奔驰卡车背部采用了绿色积木设计，而驾驶室采用了深灰色。驾驶室两侧的门都是可打开设计。打开引擎盖可以看到里面的发动机，还有可旋转的散热风扇。还有一些细节，例如灭火器和空气呼吸器的设计。

图 11

图 12：HGUC181 1/144
Neo Zeong 新吉翁号，玩
具总高度约为 860mm，
为 UC 纪元最大的吉恩机
动兵器，是目前市面通贩
商品中，尺寸最大的高达
模型，发售于 2014 年 6 月。

# NZ-999 NEO ZEONG
## NEO ZEON FULL FRONTAL'S CUSTOMIZE MOBILE ARMOR FOR NEWTYPE

MODEL NUMBER:NZ-999
TOTAL HEIGHR:116,0m
TOTAL WIDE:58,0
WEIGHT:153,8t
MATERIAL:TITANIUM ALLOY
GENERATOR OUTPUT:35,680kw~unknown
RUSTER TOTAL PROPULSION: 28,827,500KG ~ UNKNOWN
MATERIAL: GUNDARIUM ALLOY
ARMAMENRS:WIRED FUNNEL BIT
MEGA PARTICLE CANNON
I-FIELD GENERATOR
HIGH MEGA CANNON
PSYCHO SHARD
BAZDOKA
60MM VULCAN GUN
BEAM SABER
SHILD

图 12

## （二）万代

提到万代，大家应该一下就能想到它的高达系列玩具，至于大家为什么喜欢它，我曾问过身边的朋友，他们说帅气的造型和拼装的可玩性，以及每个零件相互契合的卡扣声，都让人为之痴迷。比如，HG 系列，比例为 1/144，覆盖量广，拼装简单，老版本几乎无骨架，新版本部分有简易骨架，基本标配胶贴，有分色设计，但还需补色，虽然大部分机体都很小，但也有庞然大物，比如：新吉翁号，高达三号机 GP03 等等，推荐新手从"新生 HG"系列开始体验。

图 13：MPM-4 擎天柱的推出是令人兴奋的，但其较差的品控管理，导致此类量产玩具出现了很多质量问题，让玩家们又爱又恨。

图 13

## （三）孩之宝

孩之宝的变形金刚，可谓是 80 后的梦，而变形金刚的复杂程度、精致度、可玩性吸引着一代又一代的人。如图 13 所示为 MPM-4 擎天柱，其最大的亮点为增加金属件来体现玩具质感（比如 MPM-4 擎天柱比较大的亮点是加了许多金属件），擎天柱小腿以下 60% 的零件都是金属制造，胸部也增加了金属件，拿在手里很有分量，关节灵活易变形，涂装依旧是电影里擎天柱经典的红蓝描白火焰，光彩夺目。另外，头部增加了隐藏机关设计，可变换表情增加了可玩性。在武器方面，MPM-4 擎天柱配备了一把大枪和两把能量刀；手指可以灵活变动，手肘可弯曲；胸部隐藏有一个能量矩阵。MPM-4 擎天柱在变形的时候需要费一些力气，因为有着精妙的卡槽设计，载具卡车后面配有卡槽，可以装载武器。

## （四）Hottoys

一个以制造影视角色 1/6 可动人偶产品为主的玩具厂家，HT 主打就是电影中的人物（MMS 系列），人偶全身的衣物、配件均是以 1/6 的大小还原。因此给人的第一印象就是超高的逼真度，最令人惊叹的就是头雕的设计和做工，高度还原角色五官比例、肤色、皮肤纹理，甚至疤痕和斑纹都力求做到真实。比如 HT 钢铁侠，它是 HT 公司对于"漫威"影视《钢铁侠》《复仇者联盟》推出的一系列影视珍藏 1/6 人偶，高度大约 30cm，全身 30 多个关节可动，由塑料和合金等材质打造，做工手感一流，散发着一种高端的气息，演员造型身上的纹身都全部还原。

图 14：这款爆甲版 MK5 相较于早期推出的合金压铸版 MK5 来说，增加了真人赛车服的形象，更大限度地还原了电影中的场景。另外，MK5 是一件便携式战斗装甲，其收纳状态的手提箱和半展开状态的配件，在爆甲版 MK5 里面都有奉送。

图 14

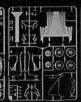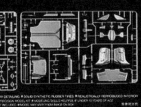

图 15

## （五）田宫

图 15：田宫的乘用车模型系列以还原度高、组合度好而收到玩家追捧，但产品的主题内容往往过于主流，很少出现冷门车款或特殊车款的模型。如喜欢冷门车款的话，可以关注一下长谷川品牌的产品。

提到模型界，我们就不得不说田宫，它的模型细节度和组合度以及仿真度都是很高的。以 1/24 Sport Cars 这个系列为例，它包含了在国际比赛中的赛车和世界各国的跑车，是以 1 比 24 的比例复制的模型，精确地再现了车辆的外形、内饰，部分模型还带有发动机内构。民用车模型难度比较大，外观容不得一点瑕疵，如图 15 所示为法拉利 fxx 拼装模型，它在其经典模型 enzo 的基础上更换部分零件后推出（其实有一半以上的零件都是全新开模的），开模水平继承了田宫一贯的优良传统，细节丰富，组合度良好。模型全长 202mm，宽 86mm，后盖和门可活动，前盖不可开，有完整的引擎室和驾驶室细节。

图 16：Prime 1 Studio 的产品属于高端收藏系列。在各大模玩展会上，P1的展位都是需要排队进入参观的，可见其受欢迎程度之高。其多数产品使用宝丽石[56]作为主料，辅以布料、金属等还原材料制成，由于使用软胶翻模形式，导致其产品细节形态较软，无法达到钢制模具产出零件的锋利和坚挺的效果。

图 16

## （六）Prim 1studio——雕像

Prime 1 Studio 是日本杰出的高品质收藏品级别模型雕像制作商，主要制作和销售高品质的电影角色、游戏人物的雕像模型。其中优秀的游戏人物模型是通过游戏中的 3D 数据创建的，追求高还原度，务求每一个收藏者都能够获得高品质的模型雕像。如图 16 所示为 Prime 1 Studio 蝙蝠侠雕塑，尽显收藏级别的制作水平，蝙蝠侠的身姿紧绷有力，肌肉轮廓刻画清晰，使得他钢铁般的肌肉下蕴含的意志被尽数还原，大量纹理和细节都毫无保留地展现在你眼前，其头盔呈现皮革质地，连皮肤上的毛孔都清晰可见，制服还缀有滚边、褶皱和阴影，这些特征使蝙蝠侠标志性的制服更加完善。

图 17

图 17：魔方是一款自带神秘感的玩具，如果你不知送什么礼物给小朋友，选魔方总是没错的。

## （七）魔方

还有一种常见又时常被大家所忽略的塑胶玩具，它有国际性的专属组织和赛事，有着训练手眼协调，提高记忆力，开发人的理解力、想象力、观察力、思维力的功能，它就是魔方。基础的三阶魔方主要由轴心系统和塑胶彩片构成。其中 GAN 魔方又是在全球魔方市场保持领先地位的国产品牌。它能处于领先地位是由于其拥有 4 大领先科技以及 37 项专利发明，包括专利轴心、GAN 精控弹力系统、GAN 变磁系统、蜂巢接触面，它们重新定义了行业标准。

图 18

图 18：栩栩如生的动物模型，是小朋友在橱窗前被"拖走"时，眼里的热泪。

## （八）Schleich——仿真动物

Schleich 思乐是德国著名玩具雕像品牌，诞生于 1935 年，以真实世界、远古时代、魔幻背景的动物形象为设计元素，为孩子创造形象有趣的模型玩具。产品造型生动，纯手工绘制，深受动物爱好者和小朋友的喜爱。恐龙类模型真实还原了史前翼龙的形象和构造，选用塑胶材质制作，抗腐蚀能力强且无异味。整体做工精细，颜色过渡自然，局部纹理清晰可见，表面光滑无毛刺。

图 19

## （九）奇谭俱乐部——扭蛋

扭蛋，又称为转蛋或胶囊玩具。一般是把多个相同主题的玩具模型归置成一个系列，分别放入蛋状的半透明塑料壳里，并添加相应的说明书然后放到对应主题的扭蛋机中，通过投币或插卡随机抽取的方式进行售卖的商品。奇谭俱乐部是古屋大贵在 2006 年所创立的公司。2012 年推出的"杯缘子小姐"系列让奇谭俱乐部彻底在日本扭蛋行业站稳了脚跟。"杯缘子小姐"系列以穿着蓝色制服的 OL 挂在杯缘的形象为概念，既满足了上班族在日复一日的工作生活中对杯子装饰品的需求，在一定程度上也象征着那些"在杯口上过活"的职场人，让消费者在一丝丝充满戏谑的自我安慰中感情有了寄托，精神上也获得了疗愈。这样创意力爆棚、情感升华满分的"杯缘子小姐"系列玩具，在一般的扭蛋玩具基本上最多也就只能卖出 20 万个的情况下，上市的第一个星期就卖出了 10 万个，至今销量已经突破了 2000 万。

图 19："杯缘子小姐（コップのフチ子）"是由奇谭俱乐部和漫画家田中克己共同创作的漫画形象，扭蛋系列于 2012 年首次发售。杯缘子小姐总体为软萌的 OL 形象，放置杯缘处，或探头探脑，或爬来爬去，是轻松解压神器。

## 第三节　玩具设计师

你一定被别人赞赏过："你好有艺术天赋啊！"我是相信每个人都有不同天赋的，从我们来到这个世界之时，每个人都被赋予了天生的灵性。从科学的角度来说，这种现象是基因序列所决定的，但我更愿意相信天赋就是"上天"赋予的，上天不是某个神或某个地方，在《让天赋自由》一书中，作者肯·罗宾逊和卢·阿罗尼卡也提到："天赋，每个人专属的礼物。它是一种天然的倾向，是对于某些东西是什么、如何运转，以及如何使用的一种直观感觉或领悟。吉莉安·琳恩天生就对跳舞有感觉，马特·格罗宁擅长讲故事，保罗·萨缪尔森则是天生的经济学家和数学家。天赋是很个性化的东西，可能是某些一般性事项，比如数学、音乐、体育、诗歌或政治理论，也可能是非常具体的方面，比如不是所有类型的音乐，而是爵士乐或说唱；不是一般的吹奏乐器，而是笛子；不是笼统的科学，而是生物化学；不是所有田径项目，而是跳远。"

当我们获得了天赋之后，更重要或影响力更大的因素才随之出现，那就是选择，包括自身的选择和别人的选择。这个复杂的社会体系中，我们每个人都会面临很多选择，比如高考填报志愿、午餐吃什么、是否参加那个研究项目等等。有时别人会帮你做出选择，比如父亲告诉你填报清华，母亲说午饭吃饺子，导师为你写了项目推荐信等等。但无论是自己的选择还是听从了别人的选择，如果失败了，你一定是埋怨"别人的选择"和后悔"自己的选择"，往往我们不会意识到自己失败的原因很有可能是你没有天赋去做那件事，所以，并不是努力就一定会成功，有天赋再加努力才会成功。

"性格决定一切"这句话常常被人们说起，我对此也是非常赞同的。如果简单地把性格分为内向型和外向型两种的话，那么内向型可以概括为被动、沉稳，外向型可以概括为主动、活跃，究竟哪种性格适合从事设计工作呢？我无法给出准确答案，一定要有

图 20："雷鬼"音乐之父、牙买加民族英雄、全球文化偶像——鲍勃·马利。

图 20

答案的话，我更倾向外向型性格。相对来说，外向型性格会更主动地去探索世界，发现新事物，尝试与人交往，融入社会生活。但这仅仅是我从非黑即白的角度给出的主观答案，真实情况并没有那么绝对，每个人都是鲜活的个体，都拥有着独特的性格，也同时拥有着创新创造的机遇，

当然，我并不是人类学、社会学或心理学的专家，这里说到的性格，仅仅是表象的，只是为了满足大家的好奇心。设计师究竟是一群怎样的人呢？以我所熟知的设计师来说，他们会有一些共同之处，如：爱好收藏物品、喜欢养小动物、热爱大自然、享受美食和动手能力极强，以及关注新鲜事物的同时也把更多的时间投入到历史文化方面的研究。不分国界，不分种族，可以长时间地专注一件工作任务，洞察力极强且十分敏感的双眼，有独特的自我表达方式并善于总结等等。这群人对于生活有着独特的理解，时刻表达着自己的个性，从内向型性格出发，做着外向型性格的工作，又把外向型性格的获益运用到内向型性格的研究和学习中。

在未接触专业训练以前，玩具设计师就应该具备"好玩"的天赋，如善于发现快乐，喜欢动手尝试等等。性格方面应是热爱生活，积极向上的。开始专业学习之后，应进一步加强在形体概括、色彩表达、空间想象、材料应用等方面的学习。

图 21

总之，有没有某种天赋，属于什么性格，适不适合从事设计工作，这些问题都不应成为困扰你的难题，不应成为阻挡你前进脚步的绊脚石。先"玩"起来吧，用玩的心态去面对学习、工作和生活，体会其中的乐趣，把乐趣放大并延长，才不会觉得枯燥和乏味。"好玩"是需要学习和研究才能玩好的，玩得好才能更准确地发掘自己的天赋，才能找到适合自己的人生方向。

图 21：你能读懂她的眼神吗？

图 22

图22：无意识设计的代表作品，不多不少，刚刚好！

图 23

图23：血橙、蔓越莓、伏特加、冰块、气泡……何人在饮这一杯酒？

图 24

图24：彩虹，又称天弓、天虹、绛，简称虹，是气象中的一种光学现象。当太阳光照射到半空中的水滴，光线被折射及反射，在天空上形成拱形的七彩光谱。将雨后的彩虹轻轻抓在手中，你会想到什么呢？

## 第四节　发现生活中的奇迹

智慧的可靠标志就是能够在平凡中发现奇迹。——爱默生。

我经常鼓励刚刚进入专业学习阶段的同学们，要拥抱大自然，向大自然学习，细心地体会那些看似平凡的生活中，你收获的经验和惊喜，并不断地整理总结它们。如欣赏天边画出的彩虹，打开气泡丰富的可乐，饲养一只猫咪宠物，一天之内横跨欧亚大陆，用 3d 打印技术创造属于你自己的产品，甚至是观看一部电影，这些生活中常见的事件或动作，对我们来说都应该属于生活中的奇迹，不应被我们忽视和错过。这些奇迹都有可能启发之后的设计工作，不要忘记，牛顿也是在树下享受午后阳光时遇见了苹果。

如果你拥有一颗好奇心，并用探索的精神去观察、去体会身边的世界，你会发现很多隐藏的设计创意点，正所谓"生活处处有设计，处处需要设计"。比如：挤出的牙膏为什么是圆柱形体？松软的毛巾是如何纺织出来的呢？ CD 机依靠旋转就能发出美妙的音乐吗？设置了红绿灯系统之后，交通为什么依然拥堵？如何高效地完成今天的学习任务呢？等等。然而，并不是每个人都需要把设计制造航天飞机作为自己的人生目标，我们只需要创造更加丰富多彩的生活就足够了。深泽直人说："设计不是一件作品，设计是种生活。"

我们常说"透过现象看本质"，本质或正确答案是我们所想获得的，那么如何透过现象就决定了能否得到本质或正确答案，良好的观察习惯有助于培养个人敏锐的洞察能力，也有助于为之后的思考和论证提供有效的线索和证据。那么，先从发现生活中的奇迹开始吧。

图 25

## 第五节　尊重事物发展规律

太阳东升西落，0度是冰点，任何事物都有其特性和发展规律，违背其发展规律的操作，都是浪费时间。了解事物发展规律是我们人生中持续在做的努力，是成功的基础。具体到玩具设计领域，也可以将事物发展规律视为关于"物"的知识。柳冠中先生在《设计方法论》一书中讲到的："设计师需要哪些关于"物"的知识呢？很遗憾的是，我们不能够画出一个清晰的界限。形态、色彩、结构、工艺、材料等各个方面肯定是必需的，这些是设计物化的基础知识，没有这些知识的设计师就是不够专业，仅仅空想而不能实现的设计是空中的楼阁。"那么，再具体到学习玩具设计的过程中，我们要加强对事物特性和发展规律的学习和研究，通过不断地实践来验证和优化自己对于"物"的理解和运用，理论和实践永远要结合在一起，才能有效获得关于"物"的正确知识，所谓实践出真知。

自然是一切生物存在的共同体和生存基础，保护自然生态，尊重自然生态规律是人类生存的保证，也是设计可持续发展的前提。远古人类打制的石器符合人类进化的自然规律，此后人类为了生存开始对石木工具进行有意识的改造，即古人常说的"造物"，这也是设计的雏形。设计所需的一切素材是从大自然中提取的，美丽广袤的大自然赋予了设计最原始的本源。就像乐高起初的材料是木头，乐高第一代创始人利用木头的特性做出了许多生动有趣的小玩具，像推拉的木头鸭子，再到后来塑料注塑技术的登台，乐高利用塑料的易加工、低价位以及易保存的特性，成功生产出了我们现在看到的塑胶玩具积木的前身。从设计角度来理解，就是将自然条件与人工技艺相结合，只有尊重自然和基于自然系统自我更新的再生设计，才能创造出优良的产品。所以设计在考虑人的需求的同时也要遵循自然发展规律，不能脱离本源。

图 25: 该玩具作者为 Keith Newstead，现代 Automata 机械玩具大师。他们通常使用更容易获得的木头作为玩具的主要材料，并尝试将机械结构部分裸露出来，以便人们能够直接观察到木偶玩具的运作方式。

## 第二章

# 基础

basic

本章开始介绍玩具设计的具体内容，主要包括：玩具设计基本概念、塑胶材料基本特性、材料与先进生产技术的相互促进、塑胶玩具的常用结构形式，方案表达程序等，以上内容均为学习玩具设计方法的重要基础。但这里要提醒大家注意：

1. 不论是上一章提及的内容还是本章节和以后章节内提出的任何内容，我们都不要将其孤立、割裂开来思考或学习。因为，所有内容和要素都是相互关联的，互为支撑或互为限制，比如玩具的基本概念会随着时代、科技水平、物质生活和精神需求等等条件的改变而发生变化。

2. 即使你对塑胶材料一窍不通，也不能证明你不适合学习玩具设计。希望大家能从整体出发，了解这项设计任务的多个方面，并结合自身实际情况做出判断，从而发现适合自己的学习角度和方法。

3. 将材料的相关知识作为学习玩具设计的第一要素或基础，是作者基于多年的玩具设计教学和商业设计项目中得出的经验总结而来，存在特殊性和局限性，并非适用于所有类型的玩具设计工作。

## 第一节　玩具设计的基本概念

如今的中国，各行各业都处在高质量发展状态，这种高速发展带来最明显的变化是人民经济生活水平的不断提高。在这样的时代背景下，玩具的概念、样式和内涵也都在发生着变化，一方面，玩具的娱乐对象不再仅限于儿童、青少年和成年人，甚至老年人也在主动寻找适合的玩具；另一方面，玩具本身的内涵也在发生着变化，不仅是玩具店贩卖的或能拿在手里把玩的产品才能称为玩具，而是所有可以玩的、可以获得乐趣的事物都能成为玩具（比如：bkb 娃娃、卡丁赛车或电子游戏产品等）。总之，娱乐的时间越来越多，方式也越来越丰富，便形成了与有形玩具关联的无形文化和思潮、观念等。玩具不仅是儿童的专利，它还应该惠及更多的人群，它不仅能让儿童变得更聪明，还能让青年人变得更机智、中年人变得更成熟、老年人变得更智慧。

玩具设计指一件玩具产品从构思、策划开始，经过设计方案制作、工程生产、销售推广，直到玩家从中获得乐趣并实现未来价值规划的全过程，玩具制造过程的全部环节都应符合设计要求，都应做到设计先行。但需强调的是：1. 本书中所介绍的玩具设计范围，仅限于塑胶玩具设计这一类型，并以国内高校艺术设计学科教育体系为基础，主要针对玩具前期策划、趋势分析、外观造型、结构形式和推广策略等方面进行的设计工作；2. 与基于理工科教育体系的工业设计存在一定区别，但同时也存在着诸多联系，这部分的具体内容，请大家阅读本书的第四章，其中有较详细的介绍。无论基于何种学科体系背景去研究和学习，玩具设计都是玩具制造流程中不可忽视的重要任务，其中蕴含着设计师对多种学科的知识储备和交融，更有意义的是，合理的玩具设计工作，是一件玩具是否能具备娱乐性、教育性，甚至是社会文化价值等等亮点的基础条件。

近年来，中国玩具行业发展迅速，这与人们对精神生活的要求不断提高的现状是分不开的，如何设计出既能够激发消费者的积极

图 26

图 26：过家家类型的玩具一直以来都十分热门，毕竟哪个小孩子不想经营一家属于自己的汉堡店呢？孩子总是乐于有多种角色在自己身上切换，在模仿和扮演中渐渐地成了大人角色。

图 27

图 27：哆啦 A 梦是经久不衰的动漫形象，也称机器猫。

图 28

图 28：图中的树脂白模是改造玩家和涂装高手的最爱，其造型饱满、细节丰富、表面附着性好，材料质地较软，非常适合改造重组。

性和创造性，又可以满足消费者多方面需求的玩具产品就变得格外重要。然而，由于玩具需求量不断增多，经济价值不断提高，玩具行业也出现了过度开发现象，所以我们必须贯彻可持续发展策略，为玩具设计制定开发标准，要正确、合理、与时俱进地理解玩具设计。要结合国情，依托深厚的历史文化，从玩具的艺术性、功能性、互动性以及传播性等多个方面去创新、创造。不能盲目跟风，更不应为了追求短期利益而不惜浪费大量的自然资源、人力资源、社会资源等，去设计生产毫无特色的玩具产品。

## 第二节　从了解塑胶材料特性开始

为何要从了解材料特性开始讲述本书的主要内容呢？

因为，在玩具设计任务中，无论是玩法设计、结构设计、造型设计、角色或场景设定，还是设计后期的生产模具设计、零件装配设计等等重要环节的实现，都要基于对材料特性的了解和正确运用。熟知材料本身的多种特性并能将其熟练地运用在设计方案中，有利于突出玩具设计方案的亮点，进一步增加设计方案的可行性和成熟度等。所以，对于那些对产品设计或玩具设计感兴趣的学生或爱好者来说，在开始学习玩具设计方法之初，应先从了解常用材料的基本特性入手，进而去学习外观造型的可实现性、结构设计的合理性、后期表面处理工艺和系列产品开发等等方面的内容。

学习玩具设计方法之前，应先在头脑中建立所学专业的大体轮廓，搞清楚研究范围。需要准备什么，需要关注什么，物理和化学的知识是否与你有关。了解常用材料的基本情况就是最有效、最快捷和最为优先要学习的内容。

## （一）塑胶材料成就玩具行业巨头

随着社会的发展以及科技的进步，玩具设计制造过程中使用的材料种类越来越多，而且日新月异，层出不穷。其中，塑胶材料已经成为首选材料，它具有塑形能力强、质感佳、色彩鲜艳、成分结构稳定、成本低和成型工艺相对简易等特点，非常适合用来表现自然界中存在的或人类大脑中想象出的事物，并将其以玩具的形式制造出来。

**1. 接下来我们以日本万代公司为例，通过对其不同阶段的发展战略变化和各阶段相对应核心材料的分析，梳理塑胶材料的应用和进化，论证其对于玩具行业发展的重要性和促进作用。**

万代的发展可以分为三个重要阶段：

（1）1950 年代从布料玩具到金属玩具。

（2）1960 年代从金属玩具到超合金模型玩具。

（3）1970 年代至今，从超合金模型玩具到塑胶玩具。

进入 1970 年代，随着日本市场中，《哥斯拉》《奥特曼》等特摄影片的火热上映，万代抓住机会，推出了许多相关的模型玩具，迅速抢占了市场，再加上扭蛋机的推出和 Gashapon[2] 的商标注册，并随之推出了相应的产品，获得市场的好评。从此，万代确定了以设计、生产动漫作品授权玩具为主的企业发展方向。所谓动漫作品授权玩具，是指在得到版权拥有者的授权之后，以原创动漫作品中出现的角色、道具、场景等，这些已被原作者设定好的动漫形象为原型参考，将其设计转化为实体并以商品的形式上市销售的玩具。因为受到对动漫作品原设定形象的还原度和玩具必须具备的特性（如质量安全、适于把玩、造型美观）等方面的约束，塑胶就成为开发动漫作品授权玩具过程中，最适合的材料之一。

在 1979 年，富野由悠季的《机动战士高达》登场，在初期，得到这部动漫作品玩具开发授权资格的是一家名为三叶草[3] 的玩具制造商。但好景不长，到第一部高达作品《机动战士高达 0079》

图 29

图 29：扭蛋机可以吃掉你所有的零钱。

放映至尾声时，三叶草公司因自身经营不善，被迫将授权资格转交给万代。至此，万代公司发展史上最受欢迎的塑胶拼装玩具产品"钢普拉"（GUNPLA）就诞生了。

1980 年 6 月，万代发售了历史上第一款"机动战士高达"塑胶拼装玩具，即 1/144 比例的 RX-78-2 塑胶拼装模型。最初，"钢普拉"塑胶拼装玩具产品，对比同期大多数针对儿童群体而开发的机器人塑胶模型玩具，在本质上并没有太大的区别或优势。转机出现在之后推出的新系列产品，其优势在于利用最新的塑胶材料工艺、模型生产技术和多种"黑科技"的应用，而且这些新产品均出自万代公司自家的拼装模型设计部。

1981 年，万代推出第一个"黑科技"——球形可动关节和软胶嵌套关节[4]。

1982 年，万代推出"免胶卡榫定位结构[5]"，简单地说，它解决了以往玩具需要胶水黏合而导致小学生误食的问题。

1983 年，万代推出"多色成型技术[6]"，解决了给模型上色的难题。再加上日后不断更新的电镀技术[7]、可动手指[8]等等"黑科技"，万达成为了当时模型界的霸主。这些黑科技都是基于塑胶特性的，其他材料很难达到技术要求和成本要求。

当然在塑胶拼装玩具方面，万代的技术竞争也不仅仅局限在 GUNPLA 这一领域。1983 年，万代在特摄剧《宇宙刑事卡邦》的衍生玩具中首次使用了电镀技术，通过电镀技术赋予塑胶模型金属一般的闪亮光泽。

总而言之，在 20 世纪 80 年代这个特殊的黄金时期，日本动画走向巅峰，万代也在玩具行业建立了地位，这期间诞生的《阿拉蕾》《龙珠》《圣斗士星矢》等超人气作品都被万代陆续玩具化。之后，万代在 20 世纪 80 年代的产业布局之上不断地进行完善。在 1990 年，万代迎来十周年的代表玩具 GUNPLA 新系列，这个大名鼎鼎的 HG（High Grade）系列集结当时最先进的制模技术，包括连动球形关节、免上胶卡榫、多色成型技术、透明特效零件[9]等等。该系列的发布也标志着 GUNPLA 从此进入一个全新的纪元！

图 30

**2. 我们以乐高公司的积木玩具产品为例，通过对其核心材料选用和进化发展过程的分析，进一步论证塑胶材料在玩具设计生产中的不可替代性。**

（1）最初的木质材料

现有乐高玩具基本形式出现之前，也就是在 19 世纪中期，镀锡铁皮（即马口铁，tinplate）作为木制玩具的廉价替代品被用于玩具制造。但是在二战期间，因为铁皮原料的短缺，从而导致生产中断。这时，乐高创始人 Ole[10] 就选用优质桦木生产各种精巧的木制玩具，既不会因为原材料而受限制，也不会受因为质量问题而引起变形的影响。因此乐高开始走向精美的木制玩具市场。

（2）木质材料转变为合成塑胶的探索

1942 年 Ole 的工厂发生了严重火灾。灾后 Ole 的公司得到了很多启发，其中最为迫切并且重要的是：寻找一种廉价的、符合积木玩具生产要求的、耐玩的新材料，用来替换原有的桦木材料，避免再因为火灾之类的情况而影响公司发展。

经过大量的研究，Ole 发现赛璐珞[11] 这种材料可以替代桦木成为乐高公司未来发展的主要原材料。赛璐珞轻便又便于长时间保存，但唯一的缺点是那个时代的赛璐珞价格昂贵（赛璐珞当时也用于动画片的拍摄，但是就连华纳这样的知名动画公司都要将使用过的赛璐珞片清洗干净后二次利用）。考虑到成本问题，Ole 只好放弃了赛璐珞而将注意力集中到醋酸纤维素上（也就是合成塑胶），因其具备廉价、生产工艺简单、耐玩儿等等特性，Ole 坚信塑胶正是他要找的东西。然而，同时期的英国玩具制造商 Hilary Fisher Page 创办的 Kiddicraft[12] 玩具品牌，已经开始应用合成塑胶材料，并通过新的注塑技术制造塑胶玩具了。1937 年，Fisher 开始以 Bri-Plax[13] 为品牌销售这些塑胶玩具，并于 1940 年获得了英国的"联锁建筑立方体"专利。之后，Fisher 在此基础上不断创新，设计生产出更小的颗粒，于 1947 年得到了专利保护，并将"Kiddicraft 自锁建筑积木[14]"玩具推向市场，开辟了当今积木玩具的先河。

从塑胶材料的应用成熟度来说，乐高显然是后来者，直到 1946 年，Ole 购买了一台塑胶注塑机，并受到 Kiddicraft 自锁建筑积木玩具设计的启发，才创造出最初的乐高积木玩具。但之后的发展是非常顺利的，到 1949 年，乐高已经生产了 200 多种不同的塑胶玩具，发布了自主设计的联锁颗粒——自动组装积木[15]，并在其之后的发展过程中，购买了 Kiddicraft 颗粒玩具设计的其他专利技术作为技术储备。由此可见，每个产品的成长都需要走过漫长且坎坷的道路，初期也都无法避免参考或借鉴当时的同类优秀产品，但产品是否能获得长期且旺盛的生命力，是需要自主创新作为支撑的，这个过程并没有捷径，也无法回避。

图 31

图 31：Kiddicraft 品牌是乐高在早期时学习与模仿的对象。今天，乐高成为了我国各大积木厂商学习与模仿的对象，希望他们早日超越乐高。

随着各国对加工生产行业的环保标准日趋严苛，提升玩具材料的安全环保性能是乐高一直在探索的方向。其过程以 1963 年为界，划分为两个时期：

（1）1963 年以前，使用传统聚乙烯塑胶材质来制作积木，其优缺点如下：

优点：
①强于大部分塑胶的抗腐蚀能力，不与酸、碱反应。
②制造成本低。
③耐用、防水、PE 质轻。
④容易被塑制成不同形状。
⑤是良好的绝缘体。
⑥塑胶可以用于制备燃料油和燃料气，这样可以降低原油消耗。

缺点：
1. 回收利用废弃塑胶时，分类十分困难，而且回收处理的成本很高。

②燃烧时产生有毒气体，例如聚苯乙烯燃烧时产生甲苯，吸入有呕吐等症状。

③由石油炼制提取，石油资源是有限的。

（2）1963 年以后，乐高的所有积木产品中大部分的原料为脱胎于石油化工原料的 ABS 塑胶，仅有小部分用传统聚乙烯塑胶材质来制作。ABS 是一种三元共聚物，具有 PS（聚苯乙烯）、PAN（聚丙烯腈）和 PB（聚丁二烯）三者的共同特征，拥有高强度、耐冲击性、低毒性、易加工等特点，广泛应用于行李箱、家用电器、电子产品制造当中。从数年前开始，乐高一直在致力于寻找更为环保的材料，替代每年 6000 吨的 ABS 消耗。同时，针对玩具本身和制造材料的安全性问题，我国制定了统一的分类和标准，请大家自行查阅。

图 32：乐高在北京王府井开设了一家旗舰店，其店面展示效果可谓别出心裁，做到"接地气"的同时，又传达了"一切皆可乐高"的理念。

图 32

由此可见，如万代和乐高这样的玩具巨头，也都曾经历过坎坷，发展方向也在不断地调整。走出低谷和迈向成功的基础是对塑胶材料的选择和坚持，以及对塑胶材料研究的不断探索。促进产品发展、优化的过程是极其漫长的，充满很多不确定因素，除了科学技术的支撑之外，还需要行业环境的良性发展，领军人物的不懈努力等等。这些历史悠久、影响深远的玩具品牌，正是值得我国玩具行业学习的。

图 33

图 33：高达基地已经成了大家旅游观光的打卡胜地，日漫文化衍生出的周边产业可以取得如此成功的商业效果，值得我们学习。

## （二）材料特性决定其适用范围

塑料材料的种类很多，而各种塑料材料都具有不同的特点及应用范围，如欲充分地了解这些塑胶的特色和妥当地选择应用，实非易事，然而将它们有系统地分类，则有助于我们快速了解它们的概况。依照塑胶在受热加工成产品时的性质来区分，可分为热固性塑料和热塑性塑料两大类。

### 1. 热固性塑料

热固性塑料是较低分子的物质因加热而成高分子量的三次元架桥构造（由网状构造），此种塑胶在加热时起初会被软化而具有一定的可塑性，但随加热的进行，塑胶中的分子不断地化合，最后固化成为一个不熔化、也不溶于溶剂的物质。固化后即使再加热它也不会再软化了，此类塑胶的分子形状为网状，网状是因受热产生化学反应而形成，在形成网状组织后加热也无法破坏其化学键，不能使其再软化，故只能在未成网状之前成形，且只能做一次成形。属于此类的塑料有酚甲醛树脂、三聚氰胺树脂、尿素树脂与环氧树脂等。

### 2. 热塑性塑料

热塑性塑料是指在加热时会随着温度的升高而逐渐软化，但当冷却后又重新固化成为固体，如果再加热它又可软化。如此过程可以重复多次的塑胶称为热塑性塑料。此类塑胶的分子形状为线状或分枝状，当受热时分子获得能量，其能量足以破坏分子之间的引力，塑

图 34

图 34：迷你热风枪，造型小巧握持舒适，表面为塑胶材质，可以软化胶漆、包装缩模、解冻水管。

图 35

图 35：剪刀，握持部位为 PP 树脂材料，亲肤贴手，可以剪纸、拆快递等。

图 36

图 36：鼠标垫，底部采用橡胶基材，表面使用硬质树脂，高顺滑度，释放鼠标阻力。

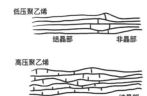

图 37

图 37：低压聚乙烯和高压聚乙烯的不同之处在于生产工艺，而生产工艺则导致两者的密度不同，性能也随之改变。

胶即变软或熔解。由于受热时分子间的化学结合并不变化，故冷却后可以恢复原来的性质，且经过多次熔解，其性质也不会改变。

热塑性塑料又可分为结晶性与非结晶性（又称无定型性）两种。在大多数的情况下，结晶性塑料为不透明或半透明，非结晶性为透明（如有机玻璃等）。结晶性是表示分子排列的情形，一般而言，排列规则的部分为结晶部分，排列不规则的部分为非结晶部分。

结晶性的塑料有 PP、PE、PA（尼龙）等，其性能特点为：透明性较差、机械强度高、柔韧性较低。而非结晶性的塑料有 PVC、PC、PMMA（亚克力）等。其性能特点为：透明性好、机械强度较低、柔韧性好。

正是由于热固性塑料这种第一次加热时可以软化流动，而再次加热时，已不能再变软流动的特性，所以它主要用于隔热、耐磨、绝缘、耐高压电等。

热固性塑料有很多种类，PU 一半以上的产量用于软泡沫，软泡沫则大量用于家具、床垫、汽车内饰件等；硬泡沫是 PU 的第二大用途，主要用于建筑、工业的绝热材料以及包装商、交通运输商；反应注射成型和浇铸 PU 则主要用在汽车内饰配件，还可用于农业、采矿、体育等器械上。PF 的主要用途是制造胶合板、黏结剂、胶黏剂、涂料等，模塑树脂则只占很小的一部分。UP 主要用于大型配件，如暖房、储罐、汽车车身等。EP 的主要用途是制造黏结剂、涂料等，也可用于模塑、浇铸件、印刷电路板等。UF 的模塑件主要用于电气设备、餐具、按钮。

热塑性塑料是生活中很常见的一种塑料，我们日常生活中的大部分塑胶都归属于这个范畴，如手动工具、电动工具、除草机等园艺设备的零部件；家用电器上使用的垫片、零件；剪刀、牙刷、鱼竿、运动器材、厨房用品等产品的手柄握把；化妆品、饮料、食品、卫浴用品、医疗用具等产品的各类包装等。

## （三）常用塑胶材料简介

图 38

### 1.ABS：丙烯腈 / 丁二烯 / 苯聚合物

主要性质：

丙烯腈（A），使制品保持较高硬度，提高耐磨性、耐热性。

丁二烯（B），加强柔顺性，保持材料韧性、弹性及耐冲击强度。

苯乙烯（S），保持良好成型性（流动性着色性）及保持材料刚性（根据制品需求不同而派生出多种规格型号）。

ABS 具有良好的电镀性，是所有塑胶中电镀性最好的。原料呈浅黄色，不透明，制品表面光洁度好，收缩率 [16] 小，尺寸稳定。

成型工艺特点：

成型加工前需充分干燥，使含水率小于 0.1%，干燥条件温度 85℃，时间 3 小时以上；ABS 流动性较好，注射压力在 70MPa ～ 100MPa，不可太大；料筒温度不宜超过 250℃，前料筒 160℃～ 210℃，中料筒 170℃～ 190℃，后料筒 160℃～ 180℃，温度过高会引起塑胶成分分解，使流动性降低；模温 40℃～ 80℃，外观要求高，模温也要高；注射速度取中、低速为主。注射力 80MPa ～ 130MPa；ABS 内应力 [17] 检验以制品浸入煤油中 2 分钟不出现裂纹为准。

图 39

## 2. 聚丙烯（PP 百折胶）

主要性质：

呈半透明色、质轻（密度 0.91）可浮于水。流动性及成型性良好、表面光泽（着色处留痕状桶 PE）。较高的分子量使抗拉强度高、屈服强度（耐疲劳）高。化学稳定性高，不溶于有机溶剂、喷油、烫及粘结困难。耐磨性优异，常温下耐冲击性好。成型收缩率大（1.6%），尺寸较不稳定、胶件易变形、缩水。

成型工艺特点：

聚丙烯的流动性好，较低的注射压力就能充满型腔。压力太高易产生飞边，但太低会导致缩水情况严重、注射压力一般在 80MPa ～ 90MPa，保压压力取注射压力的 80% 左右，宜取较长保压时间补缩；适于快速注射。为改善排气不良，排气槽 [18] 宜稍深取 0.3mm；聚丙烯高结晶度，前料筒 200℃～ 240℃、中料筒取 170℃～ 220℃、后料筒 160℃～ 190℃，因其成型温度范围大，易成型，为减少批锋 [19] 及缩水而采用较低温度；因材料收缩率大，为准确控制胶件尺寸，应适当延长冷却时间；模温宜取低温（20℃～ 40℃），模温太高使结晶度增大，分子间作用强，制品刚性好、光泽度好，但柔软性、透明性差，缩水也明显；背压 [20] 以 0.1MPa 为宜，干粉着色 [21] 工艺应适当提高背压，以提高混炼效果。

图 40

## 3. 聚氯乙烯（PVC）

主要性质：

通过添加增塑剂使材料软硬度范围大。难燃自熄、热稳定性性差。PVC溶于环己酮、四氢呋喃、二氯乙烷、喷油水用软胶开油水（含环己酮）。软 PVC[22] 中加入 ABS，可提高韧性、硬度及机械强度。PVC 主要用于搪胶（常用于公仔手办）。

成型工艺特点：

软 PVC 收缩率较大（1.0%～2.5%），PVC 极性分子易吸水分，成型前需干燥，干燥温度85℃～95℃，时间2小时以上；成型时料筒内长期多次受热，分解出氯乙烯单体及HCL（即降解），所以应经常清洗模腔及机头内死角。因PVC成型加工温度接近分解温度，故应严格控制料筒温度，尽可能用偏低的成型温度。同时还应尽可能缩短成型周期以减少溶体在料筒内的停留时间。料筒温度参数：前料筒160℃～170℃，中料筒160℃～165℃，后料筒140℃～150℃。针对易分解、流动性差，模具流道[23] 和浇口[24] 尽可能短和粗厚，以减少压力损失及尽快充满型腔，注射方式宜采用高压低温注射，背压0.5MPa～1.5MPa，制品壁厚不宜太薄，应在1.5mm以上，否则料流充腔困难；注射速度不宜太快，以免溶料经过浇口时剧烈摩擦，使温度上升，容易产生缩水痕[25]；模具温度尽可能低（30℃～45℃左右），以缩短成型周期及防止胶件出模变形（必要时需通过定型模加以固定）。为阻止冷料堵塞浇口或流入模腔，应设计较大冷料井，积存冷料。

图41

## 4. 聚乙烯 (PE 花料)

主要性质：

聚乙烯为半透明粒子，胶件外观呈乳白色，高密度聚乙烯（HDPE）[26]随着密度增高，透明度对应减弱。具有较好的柔软性、抗冲击性、延伸性、耐磨性、低温韧性。常温下不溶于任何溶剂，化学性能稳定。机械强度不高，热变形温度低，表面易划伤。常用于吹塑制品。

成型工艺特点：

流动性好，成型温度范围广，易于成型；注射压力及保压不宜太高，避免坯件[27]内，产生大的应力而致变形开裂，注射压力 60MPa ～ 70MPa；吸水性低，加工前无须干燥处理；增加料筒温度可提升外观质量度，但成型收缩率大（2% ～ 2.5%），料筒温度太低，制品易变形（用点浇口成型更严重、采用多点浇口改善翘曲[28]）。温度参数：前料筒 200℃～ 220℃，中料筒 180℃～ 190℃，后料筒 160℃～ 170℃；通过调整模温来调节制品的硬度及柔韧性，前后模温保持一致（模温一般为 20℃～ 40℃为宜）冷却水不宜距型腔表面太近，以免局部温度差太大，使制品残留内应力。提高模温可使制品光泽好，但成型周期长；降低模温可使制品柔软性好，透明度高，冲击强度高；模温太低容易引起制品变形或分子定向造成分层；因质较软，必要时可不用行位[29]（滑块），而使用强行脱模方式。

图 42

## 5. 聚酰胺（PA）

主要性质：

聚酰胺俗称"尼龙"（NYLON）属结晶性塑胶，有多种型号：尼龙 6、尼龙 66、尼龙 1010 等。具有良好的韧性、耐磨性、耐劳性、自润滑性和自熄性；低温性能好，冲击强度高，并具有很高抗拉强度，弹性好；吸水性大，吸水后能一定程度提高抗拉强度，但其他强度下降（如拉伸，刚度）。收缩率 0.8% ～ 1.4%；耐弱酸弱碱和一般溶剂，常温下可溶于苯酚（酚可作为黏合剂），亦可溶于甲酸及氯化钙的饱和甲醇溶液[30]。

成型工艺特点：

注塑前需充分干燥，干燥温度 80°C ～ 90°C，干燥时间 24 小时以上；黏度低、流动性好、易出现批锋（飞边），压力不易过高，一般为 60MPa ～ 90MPa；随料筒温度变化，收缩率波动大，过高的料温易出现熔料变色，质脆银丝；低于熔化温度的尼龙料很硬，会损坏模具和螺杆，料筒温度一般为 220°C～ 250°C，不宜超过 300°C；模温控制要求较高：模温高导致结晶度大，刚性硬度、耐磨性提高；模温低导致柔韧性好，伸长率高，收缩率小，模温范围控制在 20°C～ 90°C；高速注射：熔点高即凝固点高（快速成型、生产效率高），特别对于薄壁制品或长流距制品，为达到顺利充模（不使熔料降到熔点下凝固），必须采用高速注射。如制品壁厚较厚或发生溢边的情况下，用慢速注射解决高速所致排气问题。

图 43

## 6. 聚甲基丙烯酸酯（PMMA 亚克力）

主要性质：

俗称"亚加力"即有机玻璃，属非结晶性塑胶，透明度高，质轻不易变形，良好导光性。难着火，能缓慢燃烧；不耐醇，能溶于芳香烃、氯化烃（三氯乙烷可做黏合剂）；容易成型、尺寸稳定，耐冲击性及表面硬度均稍差；容易刮花，故对包装要求较高。

成型工艺特点：

啤塑缺陷如气泡、流纹、杂质黑点、银丝等明显，故成型难度高制品合格率低；原料需充分干燥，干燥不充分发生银丝气泡等。干燥条件：温度 95℃ 100℃，时间 6 小时以上；料层厚不超过30mm，且料斗应持续保温，避免重新吹潮。流动性差，宜高压成型，注射压力 80MPa100Mpa。保压压力为注射压力的 80% 左右，背压亦不宜再高，防止浇口流道早期冷却，适当加长注射时间，且需用足够压力补缩。注射速度对黏度影响大，不能太快，注射速度太高会引起塑件气泡、烧焦、透明度差等，注射压力太低会使制品熔合线变粗；料温：流动性随着料筒温度提升而增大，但在能够充满型腔的前提下，温度不宜太高，以减少变色、银丝等缺陷。前料筒 200℃～ 230℃，中料筒215℃～ 235℃，后料筒 140℃～ 160℃；模温高会提高制品透明度，并减少熔接不良的情况，尤其可减少制品内应力，且易充满型腔，模温一般在 70℃～ 90℃。

通过以上对常用塑胶材料的特性以及生产工艺特点的对比，我们不难发现，不同材料之间存在很多相同的属性。比如：都需要经过加热处理，使材料熔化并流动，以注塑的方式注入模具，冷却定型后脱模得到产品。然而，在很多化学特性和加工细节上也存在很多不同之处，比如冷却定型后的收缩率、料筒或模具的温度要求等方面，都存在很大的差别。对于刚刚接触玩具设计专业的人来说，难免会被五花八门的专业术语和性能参数搞晕头脑，甚至会导致初学者对玩具设计学习失去信心，这样的情况在我接触玩具设计的初期也是遇到过的。所以在本节的内容列举中，尽量做到化繁为简，重点突出，把最常用的材料和工艺要求加以分析和解读，再辅以专业术语注释，希望能让大家轻松了解到玩具设计常用到的是哪些材料，以及这些材料如何被生产加工为塑胶玩具。

## （四）行业标杆

塑胶材料自 20 世纪 30 年代开始进入主流工业生产行业至今，塑胶已成为玩具设计领域中最重要的材料，进入 21 世纪之后，塑胶材料学以及注塑成型工艺都取得了质的飞跃。在这样的背景下，万代公司出品的 Figure-rise LABO "明日香" 拼装玩具充分利用了塑胶材料特性来全面提升玩具产品的竞争力，具体优势表现在将透明、柔软、有弹性、不易损坏、坚硬的等多种塑胶材料混合注入生产模具当中，利用多色注塑技术生产玩具，都具有很高的仿真度和人物设定还原度，更好的把玩手感和高级的视觉质感；在进一步降低生产成本的同时，显著地提升了玩具本身的拼装、把玩以及展示、收藏等多方面的属性。万代公司这款拼装玩具的出现，堪称是塑胶拼装玩具行业的标杆，体现了塑胶拼装人偶类玩具的最高设计制造水平。下面将对 Figure-rise LABO "明日香" 案例进行具体分析。

## 1. 概述

万代推出 Figure-rise LABO "明日香"，发售价为 7700 日元，包含 8 块板件，拼装完成后总高度 160mm，比例约为 1/12。玩具展示为标准站姿，人物比例协调，还原动画片中人物造型，生动且自然，包括发型、服装、道具等等。配以半透明展示台。人物背面造型的细节刻画同样精彩，人物纤细的腰部与臀线造型也都得到非常精致的表现。在观赏这件玩具时，不免会惊叹拼装模型竟然能呈现出这么高质量的视觉效果。

## 2. 特点

首先，这款明日香驾驶服的橙色部分在塑胶板件上有约 0.3mm 的透明色覆盖，会形成类似手办中透明紧身衣与肌肤之间的通透层次感。

其次，从拼装实物照片来看，明日香的身体有种半透明紧身衣包裹肌肤一样的质感。要知道这种效果不是通过手工上色涂装实现的，而是依靠材料（PC、PP 等）质感和生产工艺的优化而表现出的。

## 3. 细节

在面雕刻画方面，这款明日香的造型全部外包给 ALTER 公司或工作室协力制作。拼装后呈现出的造型、表情和神态都很自然，并真实地还原了动漫作品中二次元效果。因为完全没有阴影和层次感涂装，所以人物立体感都是通过实体造型中的高低差、形体转折过度等等造型手法表达。而最点睛的瞳孔部分，则是由万代采用透明件和多色注塑技术，组装完成后可以感受到类似真实视线随观赏角度追踪的特殊效果。

正是因为多色分层注塑技术的成功使用，人物的观赏性得到了提高。主要表现在拼装缝隙和隐藏水口[31] 设计这两方面：不同零件在拼装时留下的拼装缝隙，均设计在不同配色的分界处或被上层

的零件所覆盖的部分，既满足了模具生产的要求，又最大限度的
保证了外观造型的完整性和观赏性。

图 44

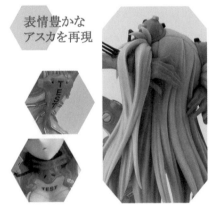

图 44、45：如同漫画中走出的明日
香一样，满足了二次元玩家的要求，
又兼顾了新进玩家们对细节、质感、
组合度等方面的期待。

图 45

## 4. 成型技术

### （1）叠层式注射技术

叠层式注射技术是"LABO 明日香"这件玩具在生产中，运用到的最关键技术，这项技术主要应用在明日香的测试战斗服的相关零件设计上。正如明日香在剧中所说"太暴露了！"那么，"紧贴皮肤""半透明质感"就成为了这套战斗服的关键词，动漫原作中传达出的效果令人印象深刻。

通过肌肤与战斗服这两层零件的叠层式注射技术，解决了两个零件无缝连接的难题，同时，还原了作战服紧贴肌肤时，光滑的表面质感！此外，还实现了战斗服部分不同的厚度要求（最厚处为3mm，最薄处为 0.3mm），并且通过厚度差异使得透明橙色的色调产生了变化，成功实现了战斗服内侧的肌肤的凹凸效果表现。在生产中，需要用到相互不侵蚀、紧密贴合、溶解温度不同并能保持透明感的材料。为了找到能符合以上要求的材料，经过数次重试后，终于成功表现出了理想中的测试用战斗服！

### （2）视线追踪射出成型技术

"LABO 明日香"在瞳孔零件设计上采用了视线追踪射出成型技术。这项技术的特点是：瞳孔和虹膜的形状和立体层次要经过细致的设计，通过对零件局部的凹陷加工成型技术，即可成功达到任意变换角度都能和明日香对视的视觉互动效果。

结合叠层式注射技术，把面部和眼眶制作为一个多层零件，眼球和瞳孔制作为一个多层零件，保证了视觉效果的高水准要求之外，还实现了"Figure-rise LABO"系列产品的定位——简单拼装即能获得乐趣！

另外，由于塑胶材料表层仿照人体皮肤纹理，所以我们也能自己为玩具化妆 [32]，塑胶材质对化妆品具有可附着性，时间长了也不会轻易褪色，这样就在涂装表现方面给玩家带来了更多的新玩法，再结合多色注塑技术带给产品其他方面的提升，使得 Figure-rise LABO 系列产品的竞争力更强，从而进一步带动万代品牌整体形象和产品价值向上提升，给老玩家送出了惊喜，也让新玩家建立了对品牌的忠实度。

所以，新技术和新材料的研发和应用，确实给玩具行业和其他产品开发行业不断地注入着新鲜血液，坚持积极进步、求新求变的精神，才能使一个行业长盛不衰。

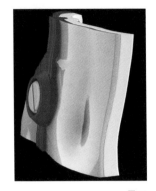

图 46

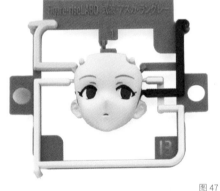

图 47

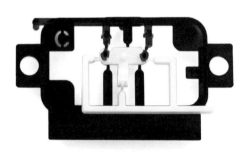

图 48

图 46～48：先进的生产技术，是创新的驱动力之一。

## 第三节　结构与装配的基本形式

至此，大家应该对玩具设计中常用的生产材料和成型工艺有了基本的了解，接下来我们一起来认识结构与装配设计。玩具结构设计和产品结构设计是相通和相似的，其设计方法多数是基于塑胶材料的特性和工艺要求。不了解材料特性是无法完成结构设计的，这就像一位建筑设计专业的学生，不了解砖瓦、钢筋、水泥等建筑材料的特性，就试着去设计一栋建筑一样，这样的建筑方案是很难被实际建造出来的。

玩具设计中的壁厚[33]、圆角、倒角[34]、拔模角度[35]、加强筋布置[36]、配合公差[37]、最小直径、咬合方式[38]等等要素，都是与材料本身的参数密切相关的，也就是说，不同材料要用不同的参数来处理以上列出的结构和装配形式。下文将以塑胶玩具的代表产品——高达系列玩具和变形金刚系列玩具为例，浅析塑胶玩具结构和装配形式。

图 49

## （一）拼装玩具结构方式分析

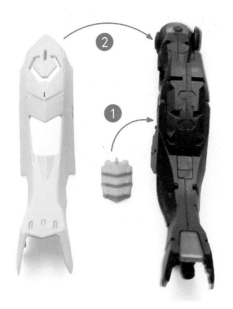

图 50                                                                图 51

### 1. 镂空分件分色结构

这是一种很常见的零件拼装组合结构形式，这种结构形式可以巧妙地解决很多设计难题。如图 51 所示，白色零件和黄色零件是相互嵌套并插接连接的关系，这样可以很好解决白色零件因为曲面表面过大而带来的收缩变形或表面水纹的形成。把零件背面用作支撑和限制作用的加强筋特征，设计为插杆形式用以插接黄色零件也是很巧妙的设计，达到了加强零件强度的同时又能固定连接其他零件的一举两得的效果。另外，在白色零件曲面表面做出镂空的形状，用黄色零件以箭头方向嵌入（见图 50），解决了白色零件在表面需要进行黄色喷油涂装来获得黄色装饰纹样的工艺难题。同时，由于黄色零件是被白色零件所遮盖的，避免了黄色零件的注塑水口痕迹外露的可能性。所以，看似简单的镂空分件分色结构设计方式，既达到了零件的制作稳定性要求、实现了零件之间的合理连接，又节约了制造工艺成本、提升了零件整体的精美程度和细节表现力，可谓是益处多多。

## 2. 插接旋转结构

常用在拼装机甲玩具的躯干与胯部的连接处，以简单的插接方式，模仿腰部旋转的动作，达到较为生动的玩具展示状态。由图52可见，凸出的圆柱体在其横、纵的两个截面方向都做出了挖空的结构设计，此类设计可避免零件注塑成型过程中，由于缩胶不均匀而出现的插入配合过紧或过松的问题。其次，挖空的同时也产生了横、纵方向的加强筋，零件强度得到进一步强化。最后，使圆柱凸出部分与圆柱下凹部分的旋转摩擦面积变得可控，从而得到更为可靠、优化的旋转把玩手感，进一步提升玩具品质。

图 52

图 53

### 3. 外拉引出结构

外拉引出结构常用在拼装机甲玩具的手臂与躯干的连接处，以简单的拉出动作，达到双臂在胸前合拢的仿人类动作，提升机甲的视觉效果。图 54 所示为标准状态，图 55 为拉出状态，箭头所示为拉出方向。

图 54

图 55

图 56

图 56：万代出品 MG 巴巴托斯拼装玩具内，
手臂与躯干的拉出关节用到的零件。

## 4.A+B 旋转结构

此种结构方式简单而且高效，A、B 两个零件，相互插接配合，达到旋转的功能之外，还达到了连接水平方向（见图 58 箭头）和垂直方向的不同零件的功能。最终连接效果见图 58。

图 57

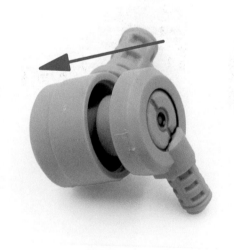

图 58

## 5.C 型扣连接结构

此种结构经常出现在拼装模型的结构末端，通常用来补充造型的完整度、造型末端的延伸、遮挡空洞等，配合零件可以在"C"型开口内自由旋转（见图 59）。然而，因其用途的特殊性，决定了 C 型扣结构的插接稳定性不良、零件的壁厚和强度不足、把玩过程中易脱落等缺点。

图 59

## 6. 球形关节结构

优点是工艺简单、灵活性较好，缺点是关节强度不足，无法承担较重零件之间的相互连接功能。另外，球形关节的耐久性也相对较差，使用中会出现明显的磨损，导致初期过于紧涩，后期过于松垮的情况。所以，球形关节结构常使用在玩具的结构末端（人形玩具的头、手）部分或定位相对低端的玩具中。

图 60

图 61

以上列举了 6 种在拼装玩具中常用的结构方式，通过结构分析，大家可以了解到，此类拼装玩具的结构设计通常具备巧妙且稳定的要求。此外，在零件装配方面，往往选用简单并且适合手工操作的形式（如插接、扣合等），并将装配这部分的工作内容，作为拼装玩具的趣味点提供给玩家去完成，这也正是拼装玩具的核心卖点。

## （二）成品玩具装配方式分析

成品玩具往往需要非常复杂的装配方式，例如变形金刚玩具，为了达到"变形"这一核心玩点的要求，就要求设计中必须满足多个零件之间的装配方式既要坚固又要安全合理，需要通过装配流水线来完成组装工作。其常用材料为：塑胶（ABS、PVC、尼龙、软胶等等）、锌合金、不锈钢、金属配件（螺丝钉、铆钉、弹簧等）。另外，在部分型号的玩具当中，还会添加具有发声、发光、电力驱动等效果的特殊电子零件，这些电子零件通常不会出现在拼装玩具中。

# 余は宇宙の覇者だ!!

▼通常顔と2種類の表情パーツ。ちなみに表情パーツを外すと、「ザ・ムービー」にて垣間見えた内部フレームが再現されている。

▲MP10コンボイとの対比。スタースクリームたちと並べてもベストなサイズ感が魅力!!

▼ほかに「ザ・ムービー」におけるコンボイとメガトロンの最後の対決を再現する、歪んだ胸部と専用の表情が付属!!

▶G1版トイ同様に、アンクルパーツは砲台「パーティクルビームキャノン」に組み替えることも可能。

▲肩に銃身を取り付けた「テレスコーピックレーザーキャノン」も再現可能。

▼付属品一覧。「エナジーメイス」や表情パーツなどのほか、「ベクターシグマのキー」と「二人のコンボイ」に登場したクローン操作用の「ヘッドギア」、さらに「ザ・ムービー」の「レーザーダガー」「ブラスター」が付属する。

▲ストックを展開させてスタンドとして使用することも可能。メガトロンを取り付けてポージングが楽しめる。

## ロボットモード

右腕に備わる「融合カノン砲」には発光音声ギミックを搭載。プロポーションは、アニメ劇中の姿の再現をめざして設計されている。脚部に厚みや腕の太さなど、華奢な拳銃から変形するとは思えない、威風堂々とした体軀が魅力である。また可動域の広さにもこだわっており、肩のスイング機構を使えば左手を融合カノン砲に添えることも可能。腰にも回転軸を備えるなど、アクションフィギュアとしての完成度も高い。

図62

图 64

图 63

下文以孩之宝出品的 MP-36 威震天变形玩具为例，介绍一些变形玩具中常用的装配和结构形式。威震天在 MP 系列玩具中，变形设计和把玩手感方面均属上乘级别，从图 63 机器人形态 A 和图 64 地球隐蔽形态 B 中，可以看出其设计的精妙程度，形态 A 犹如从动画中走出，形态 B 也充分还原了现实中沃尔特 P38 手枪的造型。而且，所有零件都完整地参与了变形过程，无须拆卸或添加，能达成这样的效果是非常困难的，可以说其设计师是一位修成"乾坤大挪移"的魔术师。

图 65

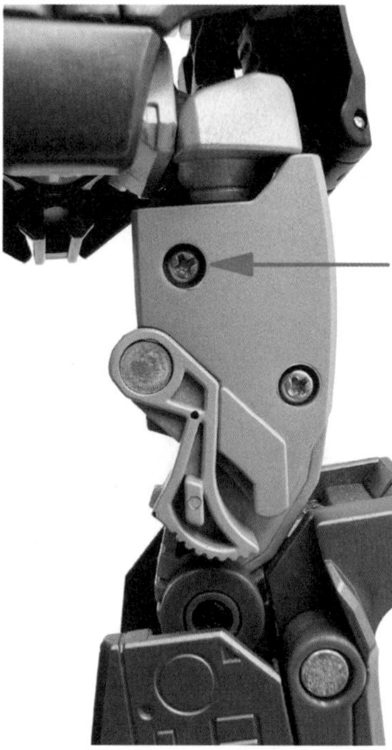

图 66

## 1. 螺丝钉

螺丝钉是变形玩具中较为常见的装配部件（图 65、图 66），其优点在于装配难度低、可重复使用、作用力较稳定等等；缺点在于占用空间较大，对形体的内部空间有侵占、螺丝裸露在外影响外观美型度。

## 2. 弹簧结构

弹簧结构在变形玩具当中的使用率较低（图 67、图 68），但却有着不可替代的地位，如图 67 和图 68 所示，弹簧可以起到限位和复位作用，使零件在两种位置状态下来回转换。这种结构形式既增加了零件的可动性，也能解决因位置冲突而导致的穿帮卡点，还在一定程度上提高了玩具的把玩手感和真实感。

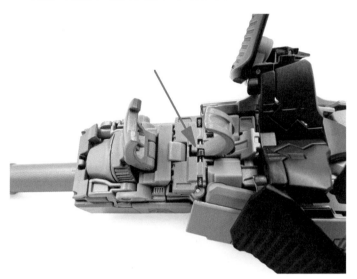

图 67

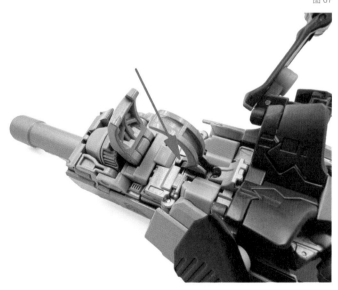

图 68

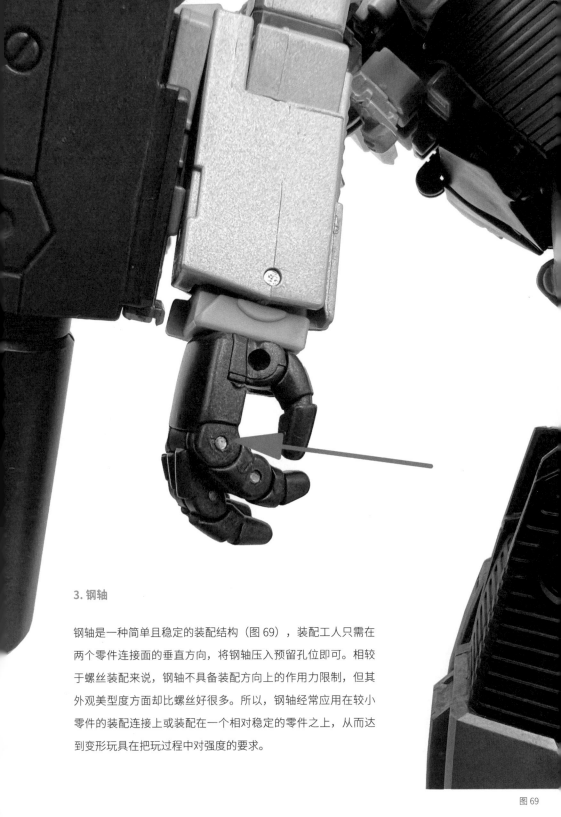

3. 钢轴

钢轴是一种简单且稳定的装配结构（图 69），装配工人只需在
两个零件连接面的垂直方向，将钢轴压入预留孔位即可。相较
于螺丝装配来说，钢轴不具备装配方向上的作用力限制，但其
外观美型度方面却比螺丝好很多。所以，钢轴经常应用在较小
零件的装配连接上或装配在一个相对稳定的零件之上，从而达
到变形玩具在把玩过程中对强度的要求。

图 69

## 4. 铆钉

我们可以将铆钉（图 70）这种装配结构视为螺丝与钢轴的合体形式，其装配方式如钢轴一般，但同时却又具备了螺丝的作用力限制功能，可谓是一个全能的解决方案。那么，铆钉没有缺点吗？当然有的，其缺点是装配动作不可逆，如果装配失误（比如压入方向稍稍偏移），这组零件就报废了。另外，玩家在到手后，也很难对这种装配结构做出调整，损失了很多乐趣。

图 70

## 5. 滑道结构

滑道结构（图 71）是变形玩具中，为了解决零件之间的空间避让和空间压缩或增大等问题而设计出的应用方式。相对于旋转、折叠等常见的变形操作方式来说，滑道结构能带来更为惊艳的变形效果，常常作为一个变形玩具的操作亮点，被玩家们津津乐道。

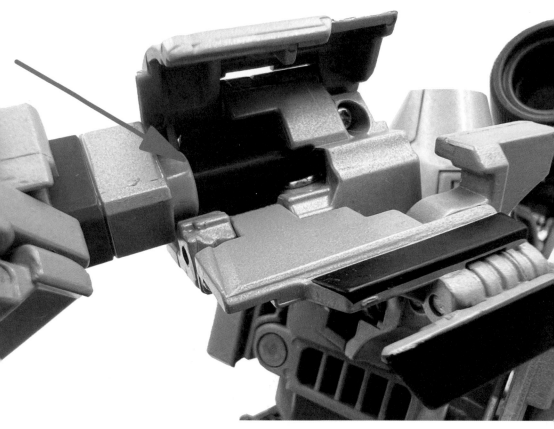

图 71

成品玩具和拼装玩具之间最大的区别在于装配工作由谁来完成。

拼装玩具将装配作为最大的卖点和趣味点加以设计研发，玩家承担了流水线上工人的装配工作，并乐此不疲。所以，在装配形式的设计上，必须要考虑普通玩家的动手能力的高低差别，尽可能地将装配难度降低，避免可能造成危险的操作，才能让5岁的儿童和60岁老年人都可以享受到拼装玩具带来的乐趣。而成品玩具正如其名字所传达的一样，需要将一件玩具成品交到玩家手上，装配工作都需要在工厂流水线上完成。相对于拼装玩具的装配结构设计来说，成品玩具的装配结构设计更为复杂，需要更多专业工具和专业培训才能安全地完成拼装工作。另外，为了提高产量和生产效率，成品玩具需要更多的自动化设备而不是手工操作。

汕头市澄海区作为曾经全球最大的代加工生产基地，依赖的是国内廉价劳动力和汕头港的地理优势，还有大力发展制造业背景下不算严格的制造标准和环保要求。当这些"天时地利人和"的因素都不复存在时，正是需要以自主创新为核心的新玩具产业诞生之时。

图72：万代工厂内的模具工程师在细心地打磨金属模具。研发过程中的每个环节都要精益求精，才能诞生完美的产品。

图72

图 73

### 第四节　扎实的造型表达能力

扎实的造型表达能力，是设计师需要掌握的基本功。表达是一个把头脑中的创意进行转化的过程，就像文笔好的人能够将自己所思所想通过文字的方式表达出来，绘画好的人可以将头脑里的图像如实呈现一样，设计师也需要这样的表达能力，将自己的想法通过设计表达出来。好的设计表达离不开扎实的造型表达能力，其中包括对形体比例的把握、手绘表达的能力、二次元转化 3D 的能力、建立模型的能力、制作模型的能力等。这些基本能力之间的关系也是环环相扣的，正如对形体比例的良好把握使手绘表达可以更加精确，手绘表达又为后续建模做基础性的铺垫，然后再将手绘转化为可以建模的视图，就可以建立精确的数字模型，最后再制作样品模型。接下来我们以实例来展示如何进行造型表达。

图 73、74：变形玩具手绘设定图的难点在于，如何较好的兼顾"A""B"两种形态的造型特征。图 73 和图 74 为 6 个单体金刚组成的大型合体金刚，其设计难度较大，一方面要考虑单体金刚的"A""B"两种形态的设定和变形步骤，另一方面还要考虑合体的连接结构和组合后的造型特征。

图 74

### （一）形体比例

营造舒适的形体比例是一项重要工作，因为设计师需要遵循形体
比例影响人对其感受的自然规律。比如腿短的柯基狗总比腿长的
狗让人感觉可爱，少女漫画多用"九头身"去体现美型的人物。
在玩具设计当中，不同的玩具产品，形体比例的选择也不同，做
可爱的 IP 形象时，腿短短的、肥肥的更能表达可爱的特点，而酷
炫的机甲类玩具，一般都是长腿的帅气身姿，所以需要根据角色
设定的具体情况做出针对性的设计。

对于完美身材比例的初步定义出现在大约 1483 年，达·芬奇画过
一张著名的男性的躯体——《维特鲁威人》。画面中是个面对我
们的健壮中年男子，两臂微斜上举，两腿分开，以他的头、手、

足各为端点，正好外接一个圆。同时在画中叠加着另一幅图像：男子两臂平伸站立，以他的头、手、足各为端点正好外接一个正方形。画作以古罗马著名建筑家维特鲁威（Vitruvii）命名，因为该建筑家在他的著作《建筑十书》中曾盛赞人体比例和黄金分割。黄金分割，源于古希腊的"应用数学"，即大、小（长、宽）两部分的比例等同于大、小两部分之和与较大者之间的比例，用公式方法演绎就是 a∶b＝（a+b）∶a，换算下来，宽与长的边长比例约为 0.618∶1。公元前 6 世纪，古希腊的哲学家、数学家毕达哥拉斯曾做过一个实验，他让人们按照自己认为最美的比例，将一根木棍分成两截。结果发现，人们都把截点选择在了木棍中间过一点的地方。而这个比例经过大量归纳总结，最终可以用数字 0.618 来表示。后来古希腊著名哲学家柏拉图正式将这个暗藏严格比例性、艺术性、和谐性的长短比例命名为"黄金分割律"。《维特鲁威人》中首要的比例规则也正是这个神奇的黄金分割。

而人体之所以美，是由于它符合黄金分割律的比例关系。从整体而言，肚脐以上与肚脐以下的比例为 0.618∶1，看起来匀称、舒适、美丽。被誉为世界艺术珍品的古希腊雕塑断臂女神维纳斯，整个形体以肚脐为界，上下高度比值恰为 0.618。再观察芭比娃娃的身材数据可以发现，这个经久不衰的少女娃娃的身材比例也符合黄金比例，无论是腿长或是三围比，都隐含着许多不经意的 0.618。

比例是对自然规律的一种提炼，舒适的比例是要通过不断尝试、不断修订而得来的。结合设计任务要求、用户需求和玩具自身的设计定位，以舒适的比例关系为基础，才能设计出符合市场需求，符合完美比例要求的作品。

图 75

图76

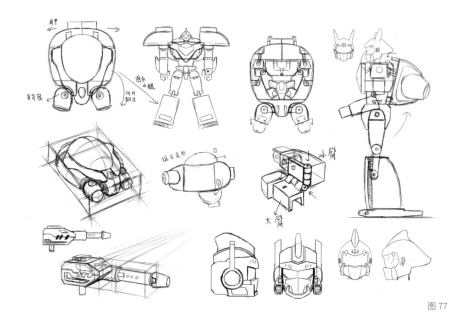

图 77

## （二）手绘表达

手绘表达是玩具设计师必备的一项技能。手绘的过程是设计思维由大脑向手的延伸，并最终艺术化地表达出来的过程，其中，不仅要求设计师们具有良好且深厚的绘画功底，还要求设计师具有丰富的想象力和灵感。玩具设计过程中，需要大量草图用以推敲和验证方案，草图将脑海中的形态通过手绘的形式表现出来，而产品的最终形态也是在大量的草图中演化产生的。

手绘表达也不仅仅表现玩具的外观元素，完善的手绘会将结构、材质搭配等元素同时呈现出来，完整的手绘草图也有利于后续的设计流程。即使在互联网高度发展的今天，手绘表达能力依然是设计师需要具备的一个基础技能。我们也许不能随时带一个电脑建模，但是却可以带上纸笔，随时记录闪现的设计灵感，也能够在描述或讨论方案的时候直接动手用笔去表达自己的设计方案。手绘表达工作会贯穿玩具设计的全过程，从初期激发创意的大量草稿，到后期越来越多细节呈现后的多角度手绘图，都是为后续更成熟的设计表达方案做准备。

图 78

图 79

图 77 ～ 79：学生毕业设计中的造型分析草图

### （三）计算机辅助设计

随着数字技术的不断进步，软件的功能越发完善，设计表达可以不只停留在纸面上，而是全方位在屏幕上立体地呈现，所以玩具设计建模软件的熟练使用也划入了设计师的必备技能之中。

将平面的图纸转化为 3D 数字模型（此过程称为建模）并不是一件容易的事情。比如一个玩具的某个形态你可以用笔画出来，但建模的时候却发现其微妙形状的精髓是很难通过建模操作表达出来的。包括在草图绘制的过程中，很多人并不考虑结构之间的连接方式而只表达外观，在实际建模过程中才开始构思结构之间如何连接。而实际结构形式的种种约束也许会改变草图上的形态，需要投入大量时间去做"亡羊补牢"的修正工作。这些问题在平面草图阶段并不明显，但是在实际的模型建立过程中会被不断放大，根本原因在于：玩具设计最后的载体是可以拿在手上把玩的实体玩具，对视觉、触觉、听觉等等都有着真实的要求，并不能简单地等同于纯视觉作品的要求（如动漫作品中经常出现的形体穿帮镜头）。所以，设计师在图纸绘制的过程中也要为计算机辅助阶段以及后续的工作做铺垫，不只是设计一个好看的外观，也要考虑怎样把这个好看的图纸变为立体模型，每一步的进行都是为了下一步工作的实现。

玩具设计有一些常用的软件，针对不同的玩具品种也需要使用不同的软件。比如 3DsMax、C4D 等多边形建模软件，适合创建仿生角色，Rhino 则适合创建产品外观、机械装甲类玩具，Creo 适合创建模具生产所需文件。各类软件之间也可以彼此搭配或衔接，最后都是为模型的成品服务。

图 80

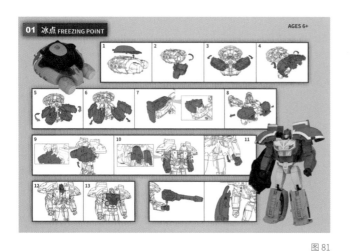

图 83

图 84

图 81

图 82

图 81、82：学生毕业设计中的变形步骤说明书和材质、色彩分析渲染图

图 85

图 83 ~ 85：学生毕业设计方案在 Rhino 建模软件中的效果

## （四）模型制作

图 86

随着 3D 打印技术的出现，模型的制作变得不像过去那般困难，但是模型也并不是一次打样就可以完成的。一个看似完美的模型，在打样出来以后，也可能出现各种问题。比如零件和零件之间的间隙过大会导致松动，间隙过小又可能使之难以拼在一起，而这些在电脑模型中是看不出来的，只有把实物拿在手中才可以根据这些细微的差距进行调整。

图 87

每一次模型的打样出来后发现的问题又需要在电脑中进行调整，反复打样多次以后，模型也会更加接近想要的效果。最后所有的模型零件确认没有问题后，就可以进行组装，拼成一个完整的玩具。如果想要更精细的模型，就需要对每一个零件进行表面的打磨处理，使其变得平整光滑，然后喷涂色漆，最后再喷上消光漆，对零件进行保护。

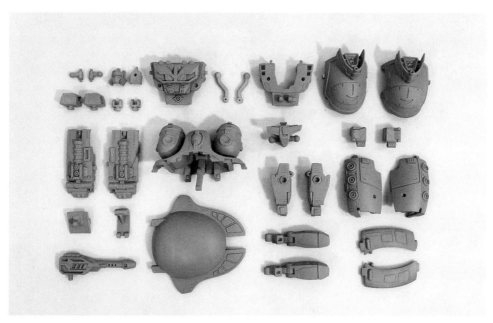

图 88

图 86 ～ 88：学生毕业设计中的 3D
打印模型组装效果

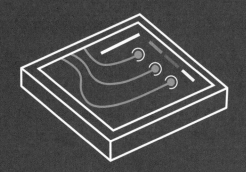

程

序

program

在第二章中，我们对玩具设计基础有了基本的认知，在具备一些技能和基础知识的同时，也需要具体的设计方法来指导我们实践，才能更好地完成设计任务。所以本章针对塑胶玩具类别，提出了一些具体的设计程序，旨在引导初学者和爱好者能够直观的理解，如何设计出一款玩具。本章也提供了相应的案例分析，帮助初学者理解玩具设计方法如何运用。希望大家可以在设计程序的引导下，培养设计思维以及寻找设计出发点，在不断地探索中找到角度去进行创新，正如"玩""具"这两个字组成的词一样，学习玩具设计也需要从玩（玩乐趣、互动性、可控性等等）的角度和具（材料、形体、结构、生产条件等等）的角度，同时出发，培养自己的创新思维和实操技能。

玩具设计是综合整合设计能力的体现，并非某单个方法所能通用的。以下我们提出的方法或观点皆为实践经验总结而来，只能算作为"知识和经验"，并非真理，切不可盲目照搬，面对不同的人、事、物时，都会有不同的要求，不同的评价标准和执行标准，需要在具体问题中具体分析。

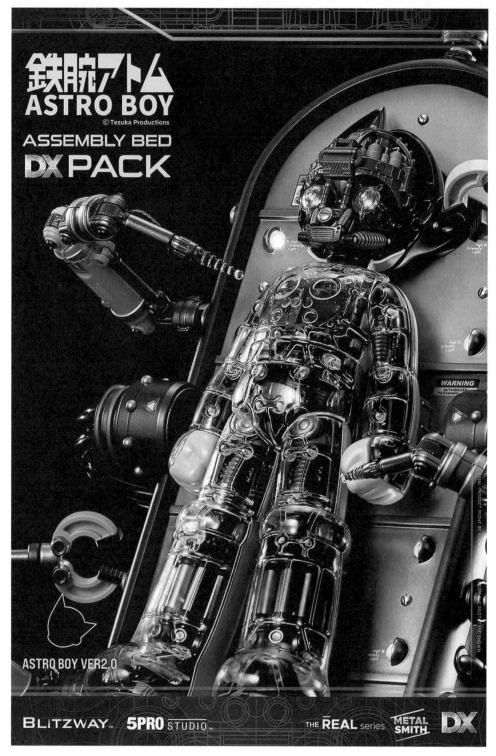

图89

## 第一节 设计思考

做设计之前我们有一些底层思维，也就是跟设计相关的基础性思维能力。思考意味着我们对设计的反思，以及在设计过程中遇到的、可以总结出来的一些通用性观念，但是这些观念也是笔者个人的总结，正如我们上文谈到的设计师需要有工程师的思维，也是笔者在常年的玩具设计工作中所收获的经验，这些经验是在跟工程师沟通和对接的问题中所总结出来的。因为沟通出现了问题，才会去反思为什么会如此，反思才能够总结出来方法。笔者也是因此才发现设计师的思维需要有不同行业的拓宽，并且通过学习去了解不同行业，到最后才可以更好地与企业负责人、设计师、工程师等不同群体有一个比较愉快的沟通过程。

大家在设计工作中难免会遇到很多问题，重点是你怎么去解决以及解决的过程中有没有自己的思考，时间久了这些思考都可以形成你个人的设计理论体系，指导你在接下来的设计中更好地规避之前的一些错误，提高效率。设计师就是在这样的过程中逐渐成长起来的，在做设计过程中形成自己的思路和见解，不断扩充自己在设计思考上的版图，最后形成自己做设计的逻辑和方法。同时这些理论性的方法又都可以转化到自己的实践中去，这样就形成了一个良性循环。所以大家需要保持思考的习惯，形成自己做设计的一套逻辑和理论基础。

### （一）设计是服务

设计是围绕着人而产生的，人是设计师的服务对象，人文关怀和服务意识是设计师不可缺少的基本素养。

设计师在做设计时也许会有很多想法，但是无论我们的想法多精妙绝伦，在面对甲方的时候，都需要耐心地了解对方的需求，因为他是我们的服务对象，最后的设计方案无论我们自己多满意都是要给对方一个交代。客户也需要去平衡成本、收益、市场以及

图 90

图 91

图 89：《铁臂阿童木》是我国引进的第一部日本动画片，其动漫衍生品经久不衰。

图 90、91：正如音乐和绘画能够建立通感一样，事物之间都有内在联系，你是否留心去观察和体会过呢？

多方因素，如果设计师可以更多地站在对方角度上去思考，也能够更好地在现有条件下做出客户真正想要的产品，但是这一切也不能脱离一个设计师的职业素养，在客户背后的最终的使用群体也是我们需要关注的。

在独立做设计，没有具体的合作方时，也需要去考虑自己的设计是为怎样的人群去服务的，那类人群所处怎样的环境，有着怎样的生活方式和怎样的需求，而不是想当然地去进行，设计师不是艺术家，做设计不是自我的表达。不论给谁做设计，都需要意识到自己的设计是围绕着人类而进行，不是搭建空中楼阁，设计点需要体现对使用用户的关怀。

设计师在整个人类社会中扮演着重要的角色，设计师的含义也在历史发展中不断地被更新和扩展，但是不管设计师在哪一个行业深耕，都离不开"服务"这两个字，设计师归根结底就是让人能够过上更好的生活，享受到更好的服务，包揽衣食住行的方方面面。

### （二）事物不止有两面

我们做数学题的时候，永远都有固定的正确答案，没有得出这个答案的推演过程再完美都会被扣掉一些分数。设计这门学科不同于理工科，永远不存在标准答案，我们有很多的解决方案，但是需要根据当下的社会环境的一些变化和甲方要求的生产条件限制等去进行筛选，在当前有限制的条件下选择一个最优解，可谓是"戴着镣铐跳舞"。最优解并不意味着就是标准答案，而是在现有的条件下我们可以做的最好的结果，也许让其他设计师去解又有其他的可能性。

比如在制作成品时，所选择的材料可能本身是很好的材料，但是并不适用于这个产品，最后在实际打样中遇到一系列问题，不得不去改变原方案。又或者在将方案传达给甲方后，方案造型很完

图 92

图 93 图 94 图 95

图 93～95：我们对事物的观察和认知构成了自身的"小宇宙"。毕加索的画的伟大之处就在于他提供了一个观察和表达的新路径，透过他的画面人们可以窥视到那个脱离常规的"宇宙"，事物在那里以全新的方式显现。

美，却是没办法生产的，于是就需要去改进。最后的方案也许并不是造型最好的，但是是可以生产的，也许从事物的一面来看我们破坏了这个完美的造型，但是另一面我们的产品未来可以在市场上出现，这已经做了一个最优解。所以我们做设计的时候也需要从不同的面去看待一个问题，站在设计师的角度、生产方的角度、工程师的角度等，充分考虑材料、结构、外观、配色之间的彼此协调，最后产生一个最优解。

事物不止有两面，设计也是，对待同一个问题也不要只用一个角度去看待和观察，需要考虑多种限制因素，而最后的结果也是在多个角度进行权衡过后得出的。这些概念可能在我们面对实际的设计过程时，会有更加深刻的体会，需要后续在具体的设计案例中通过一次又一次锻炼，经历了方案的更迭才会更加理解，也能够提高自己的设计效率。

## （三）方案只有一个

如很多专家学者所说，设计的目的是解决问题，那么解决了核心目标问题，随之可能会产生连锁的副作用，正如我们服用一种特效药治疗一种疾病，当目标病症得到缓解时，也可能随之出现了其他病症，那么哪种特效药的疗效好、副作用低，就成了适合的解决方案。设计也是如此，虽然有许多串联的问题导致可以产生不同的解决方案，但是最后只有一个适用当前情况，可以调和各种因素的完美解决方案，这也就是方案只有一个的思维。

做设计的时候，我们会在处理大问题的过程中出现很多个小问题，解决小问题的时候也要注意跟大问题之间的联系。而每一个小问题也有最适合自己的解决方案，所以需要有耐心地一个个去击破这些小问题，最后的大问题也许就迎刃而解了。问题跟问题之间也并不是孤立的，是串联起来的，这个问题的选择也许也会影响到下一个问题的解决途径。

在具体案例中来看，当下投产的方案只有一个。比如一个产品功能单一，但是外观好看，按方案只有一个的标准，所以这次就主打这个重外观轻功能的产品。按照串联的思维，接下来就可以推出功能更完善的产品，是在上一个产品之上的补充。面对产品要求更高的客户，就可以主打奢华款，外观更精美，功能更齐全，产品线也就这样在串联构想中逐渐完善。精美外观的方案也可能需要更多的工艺，残次品多，所以在初期投产的时候考虑这些，也可以节省成本，遵循方案只有一个的原则，选择符合当前情况的一个方案。串联构想可以帮助我们后续去延长产品线，在之后针对特定用户去做出选择。

所以，设计并不只是解决一个问题，而是为了解决一个问题的过程中，坚持原则，在原则的范围内，合理地解决了其他串联问题后，达到最终目的。

**（四）逻辑性思维**

设计是一门不只需要感性地观察和感受的学科，设计师需要具备艺术方面的审美力，同时也需要理性的逻辑思考能力。逻辑就是事情的因果规律，逻辑学就是关于思维规律的学说。逻辑是我们思考和设计的时候需要去遵循的，遵循事物发展规律是做任何事情都需要去考虑的，做设计更甚。

从设计前期到方案的最后成熟是一个具有逻辑性的连贯过程，设计的每一部分都需要依据。比如也许通过调研确定了设计的受众，产品风格所针对的年龄层是从我们的调研中得出的，而不是随意地凭主观意志去决定的。每一个设计点都是通过现有的信息整合然后推演出来的，并且也许会有许多不同的设计方案，但都是同一个体系下衍生出来的结果。每一个设计元素背后都有底层逻辑作为基础，有多方面的角度思考和调研以及各种信息作为资料库。整个设计流程中，逻辑起到的是一个全程的思维辅助作用，将设计的思路理清楚。思维导图就是常见的整理设计逻辑的工具，可以帮助我们扩展思路，适合做头脑风暴，也适合整理我们的设计逻辑。

比如我们之前谈的几点，也是一个用逻辑性思维去思考的过程。逻辑性思维帮我们有条理地整理出现状，然后从不同的问题整理出答案，最后再考虑互相之间的可行性。我们不只要看到事物的多面，更要通过逻辑性思维去进行解构，再得出相应的思考结论。同时串联构想也是基于逻辑去推导的过程，最后的结果也是在有逻辑的思考下完成。逻辑性思维把所有的思考串起来，使之连贯和有因果关系，让我们更尊重事物发展规律。

## 第二节　设计出发点

在掌握基本的设计基础后，我们如何开始设计？玩具设计想要在市场上进行贩售，就离不开对市场的把控和了解。首先需要去洞察整个玩具市场的潮流趋势，然后进行一次精确的市场调研，从调研中确定用户群体，分析他们的生活情境。然后我们需要对玩具的玩法、功能、造型有一个基本的认知，技术层面的需要在具体的玩具设计上得到体现，这也要求我们思维上要有更多相关的知识积累。接下来我们就从以下这些方面详细地阐述。

### （一）洞察潮流趋势

在设计之初，我们需要对当今的市场和潮流有敏锐的洞察力，芭比就是一个典型的案例。我们从 20 世纪 60 年代的芭比发展史谈起，从具体的设计案例来窥探在历史的变迁下和对潮流洞察下的玩具品牌是如何一步步发展和创新，探究其发展过程中的思路，我们在做设计的时候也可以这样去思考，完善自己所设计的玩具产品。

芭比的出现就是对传统玩具市场的一次颠覆。芭比的创始人露丝

图 96：1959 年，世界上第一个芭比
问世，她穿着时髦的黑白泳装，扬
着自信的笑容。图中为 2008 年芭比
官方出品的 50 周年纪念复刻版。

图 96

有个名叫芭芭拉的女儿，这个出生于玩具公司家庭里的小女孩从小就拥有比旁人更多的玩具娃娃。然而随着年龄的增长，露丝注意到芭芭拉舍弃了以往最喜爱的布娃娃，选择玩起了当时流行的纸制娃娃，兴致盎然地帮它们换衣服、换皮包。作为母亲的露丝通过观察女儿玩耍的过程，很快发现了这种纸质娃娃的不足之处：造型过于简单，材质不易保存，而且没有任何立体感可言。

对孩子成长需求的考量以及对玩具市场的敏感让她意识到了这是一个难得的契机，她发掘到市场针对她女儿这个年龄层儿童玩具的空缺。市面上并没有一款适合芭芭拉这样年龄段孩子玩的更优质的娃娃，只有具有诸多局限性的纸质换装娃娃。这个年龄段的女孩对圆滚滚、胖乎乎的小婴儿形象的娃娃的兴趣直线下降，她们更需要的似乎是一个年龄再大一些的，偏向成年人形象又符合儿童审美的娃娃，而且材料要更好一些，有质感，更易保存。

究竟要做什么样的娃娃会更适合自己的女儿呢？在一次去德国出差时，露丝找到了突破点——一个名为"丽莉"的娃娃。"丽莉"被展示在德国街头的成人用品店里。娃娃身高 11.5 寸，身材火辣，穿着性感，"丽莉"一下钩住了露丝的心，让她思绪大开。露丝通过生活中的观察发现了成人玩具"丽莉"可以改造成适合她女儿拿在手中进行换衣打扮的玩具，她也开始着手制作这个娃娃。

露丝重新设计了符合儿童审美的"丽莉"的身材，请来服装设计师为改良版"丽莉"重新设计了充满青春活力的新服饰，并抛弃了原本夸大成熟的烟熏妆扮相，换成了更为大方朴素的妆容。这样一来，新娃娃的雏形就诞生了。

随后几年里，美泰公司改进和创新芭比形象的脚步从未停歇，为了丰满芭比的人物形象，打响美泰为芭比树立的"少女的榜样"的设定，露丝专门为她创造了朋友、家人、宠物，还有一个名叫"肯"（以露丝小儿子的名字命名）的男友。芭比从事的行业领域也逐步扩大。20 世纪 80 年代，当越来越多女性进入到职场时，美泰也迎合了女性主义发展的浪潮，不断推出现代职业娃娃系列，

图 97

图 97：音乐家系列芭比娃娃有两个最喜欢的乐器，吉他和键盘。她身着灰色上衣，蓝色裙子和白色网球鞋，深受用户喜爱。

图 98

图 98：芭比和她的男朋友，芭比所有男朋友都用同一个名字——肯。

图 99

图 99：芭比娃娃 Día De Muertos 系列，向节日纪念期间经常看到的习俗、符号和仪式致敬。

鼓励女孩们去发展自己的事业。芭比的职业生涯也从女性主导的领域扩展到了所有领域，从模特、空姐再到摇滚歌星、宇航员抑或是总统候选人。至今为止，她拥有 108 个职业。这些既迎合了当时时代进步的新兴力量，又丰富了芭比这个 IP 的形象。

有了职业、家人、朋友和宠物的"芭比"，从以往普通的玩具娃娃行列中脱颖而出，更像是一个有生命的迷你姑娘。她已经远远超越了玩具的定义，成为一个不朽的文化符号。这也为芭比的影视化做好了铺垫。

图 100：芭比们除服饰不同以外还有着不同的肤色，不同的身材，不同的性格，不同的职业。

图 100

2001 年，随着《玩具总动员 1》的热播，美泰公司洞察到影视化 IP 潮流的来袭，与联合环球公司共同制作了芭比娃娃的第一部独立 3D 动画长片——《芭比公主之胡桃夹子》，一经上映，顿时受到了很多小朋友的青睐，芭比娃娃的销量也因此增长了不少。后续美泰的芭比系列电影层出不穷，尤其是芭蕾公主的玩具广告更是让很多小女孩看了之后不禁产生攒全故事中 12 个个性不同的公主的愿望，大大提高了芭比娃娃的销量和并提升了芭比娃娃的全球影响力。

可以说，影视节目对芭比娃娃的宣传起到了至关重要的作用。电影和动画使得芭比的形象越发丰满起来，久盛不衰。随着影片的推广，观众自发地基于电影资料总结出了七条芭比精神。芭比形象和芭比精神对正在形成独立思考能力的小女孩们所能产生的正面引导力之大，估计是连露丝这个芭比之母都预料不到的。直到现在，芭比精神仍在影响一代又一代的小女孩。迄今为止，芭比的形象依然不断地在被丰富，迎合着越来越多元的诉求，有了更多的样式，甚至有了不同的肤色和不同身材的芭比，满足了市场的多元化需要，也给了孩子更多的选择和引导。

芭比的成功从始至终都离不开对当下时代潮流趋势的洞察力，也离不开对用户需求的把握。从芭比的诞生，到后面完善芭比这个 IP 形象，包括影视化时代的发展对芭比系列电影的打造，都是由市场潮流的洞察力所产生的。芭比能够始终代表着时代的进步力量去引导女孩的成长，使玩具背后的 IP 形象和其包含的意义充分彰显，这也是鲜有玩具可以做到的。所以作为设计师我们也需要对时代潮流发展有一定洞察力，把握市场空缺。

### （二）严谨的调查研究

在想法出现的时候，并不是直接进行设计的，而是通过严谨的用户市场调研，考核这个设计在市场有多大市场份额。调研不只是小范围的问卷发布，更需要整个市场的权威数据，同时也要看用户对之前现有的玩具产品的反馈。接下来将从以下几个方面进行详细的介绍。

## 1. 产品调研

产品调研是对市场上同类竞品的调研，比如在设计一个潮玩之前，就需要对市面上的潮玩进行竞品分析。识别和理解目标用户确实是玩具设计的第一步，但是分析市场上的类似产品也很重要，对于设计工作很有借鉴意义。分析其他玩具产品的过程，有利于比较和理解自己所要设计玩具产品的目标用户的需求。竞品分析首先需要去分析类似产品所针对的用户群、市场份额以及其存在的优势和劣势，在后续设计过程中，规避其存在的问题，吸纳竞品做得好的部分。同时，比较不同的竞品之间的差异和共性，分析他们各自的特色，也有利于开拓设计思路。

## 2. 用户调研

除了竞品，还很重要的一点就是识别和理解目标用户，进行用户调研。用户调研说到底就是发现用户的需求，但是需求其实有表面的需求，也有隐性需求。隐性需求不是靠挖掘出来的，而是还原出来的，也就是说不是刨根问底向用户问出来的，而是从用户的体验中感受出来的。通常是这些隐性需求决定了用户的选择。

在这个商业高度发达的时代，我们能看见的显性需求基本都被过度满足了，功能性需求已经不再是用户考虑最多的因素，我们更多的在为隐藏起来的情感需求付费。比如我们购买泡泡玛特的潮玩盲盒，更多是为了购买一份身份认同，在购买一个代表年轻人的潮流形象。表面上我们的需求是买一个可爱的形象摆件，可是背后真正的需求是获得一个形象符号，是盲盒本身的不确定感甚至是赌徒心理。

## 3. 从场景中还原需求

需求是需要还原到场景中去分析的，比如你设计的如果是一个户外玩具，就需要在户外中去分析，考虑户外这个环境设定下，分析用户在户外场景中的行为和户外玩具在户外的使用过程，比如户外可能需要方便收纳和携带。所以是根据自己产品的一些设定，去搭建用户的使用流程，分析用户在什么时候、什么情况做了什么样的事，内心是什么样的感受。你要从用户的表达中，把自己带入他的场景中，沉浸到用户的使用场景中去观察。同时，需要观察用户真实生活中的行为习惯以及表情动作，还要与用户建立情感共鸣，体会用户的感受，还原出需求。在调研的过程中，动作和情绪是两条非常重要的线索，用户的真实需求就体现在某个节点完成了某个行为产生了什么情绪。

本质上隐性需求的背后是用户的情感诉求，所以我们在挖掘用户需求时，终极目标是和用户建立情感共鸣。

## 4. 数据分析

数据分析的目的是把隐藏在一大批看来杂乱无章的数据中的信息集中和提炼出来，从而找出研究对象的内在规律。在实际应用中，数据分析可帮助设计师做出判断，以便采取适当行动。数据分析是有组织有目的地收集数据、分析数据，使之成为信息的过程。在产品的整个寿命周期，包括从市场调研到售后服务和最终处置的各个过程都需要适当运用数据分析，以提升有效性。例如设计人员在开始一个新的设计之前，要通过广泛的设计调查，分析所得数据以判定设计方向，因此数据分析在玩具设计中具有极其重要的地位。所以在做设计之前，我们也需要去收集一些市场数据，也许是用户使用、竞品销售等相关数据，最终的重点都是总结和提炼出信息，然后辅助接下来的设计。

## 5. 用户细分

用户是需求的集合。我们是在拆分好了不同的需求后，再去看符合哪些特征的人通常有哪些需求，才产生了用户画像。也就是说用户画像是用户细分的结果，如果先做用户画像，以此来细分用户，就是本末倒置了。用户细分可以从切分需求开始，根据我们要解决的问题，思考不同的情境。

做玩具产品，需要回到使用场景中去。做产品时的用户细分，是为了找到没有被满足的机会。产品的需求要从场景中还原，可以通过定性的方式先找到用户需求，这里还可以借用用户体验地图发散用户可能存在的需求。对品牌的考量也是设计师需要具备的商业思维，设计师要回到用户的购买场景中，看看用户在做购买决策的时候要考虑哪些需求，包含功能需求和情感需求。而品牌最大的价值是情感价值，所以需要着重看用户的情感需求。站在用户角度，理解用户行为背后的心理，体会用户的情绪动向，哪些点让用户的心理产生变化。然后根据需求的细分就可以细分出用户，最后再做出用户画像。

## （三）创造新的玩法

基于潮流和市场调研后，创新才可以产生，只有先了解市场上现有的产品，才可以提出创新的玩法。而创新玩法，重点其实并不是新，玩具的新也并不是说完全和其他玩具不一样就是好的，玩法的魅力更重要。那玩法的魅力如何体现？具体包括独创性、适用性、延续性。独创性的玩法做到百分之百的独创是可能性不大的，但是至少玩具的核心玩法和亮点都需要是自己设计的。比如很多动画都是有反派和正派角色，正派人物的设定大多都是有一个聪明的角色，一个有点傻的"吉祥物"角色等，但是故事情节、画风和具体的人物设定都截然不同。所以独创不一定是全盘独创，而是有自己的特色。

玩法的适用体现在对大环境和用户需求的把控上。首先一个玩具的玩法是要符合当今社会的发展，是目标人群和社会都需要的。比如现在很风靡的编程玩具，其实就是人工智能时代所带来的风口，也是家长们想要的寓教于乐的玩具。适用性还体现在用户的细分上，三岁的小男孩和小女孩对于同一款玩具可能也会有不同的体验。比如从人机工学角度来看，女孩的手比男生小，所以在手里的使用感也有所差异。从心理学来看，两者喜欢的颜色、玩法可能也有一定差异。

玩法的延续性则是一个玩具能持续多久的体现，大家的新鲜感都很容易转瞬即逝，单一的玩法很难吸引人一直玩下去。那怎么解决这个问题呢？我们可以在系列中去延伸玩法，比如增加多个系列，促进消费者的购买欲。比如常见的角色扮演玩具，总是有那么多主题，有厨房、有医院，还有宠物店、餐厅等，涵盖各个方面，玩腻了一个扮演主题总有下一个。乐高也是利用同一种玩法开发了许许多多不同的系列，和电影、电视剧进行联名，吸引人去不断地购买。还有一种延续性体现就是做模块化，可以替换机关和场景之类的玩具，玩腻了就可以买单独的配件去替换和更新，延长新鲜感，也给予玩法更多的可能性。

图 101、102: Yoshii 家原创 IP 设计，怪异可爱。你最喜欢哪一个呢？

图 101                                                                                              图 102

### （四）突出功能性

图 103

图 103：编程玩具，STEM 教育，在
玩乐过程中学习知识。

在人类社会发展的历史长河中，玩具早早地出现了。从一开始的
注重乐趣与可玩性，到现在侧重功能性的玩具越来越多。其中一
大类别就是儿童益智类玩具，帮助儿童发展感知能力、动手能力、
想象力、快速记忆力等等。我们小时候玩过的积木、魔方、拼图
等就是典型的益智玩具，这类玩具使孩子在玩的过程中锻炼了自
身的综合能力，也在玩乐中发育了心智。

当今的益智玩具也有了越来越多的形式，很多玩具的功能不限于
玩，增加了更多的学习和科普元素进去。比如儿童编程玩具，使
儿童在玩的过程中也学习了编程知识，这也是家长们更想要的一
种玩具功能性，就是在玩乐中学习。当代儿童学习压力较大，玩
具不仅仅面向儿童，也面向家长。家长是玩具的购买者，也会更
倾向于为能够使孩子学习到知识的玩具买单，玩具的教学和科普
性也使一些知识变得不那么枯燥，可以在玩乐的过程中以有趣的
方式学习到。玩具的教学意义也在此体现。

当然，"玩"永远是玩具的核心，如果一个玩具不能让人玩起来，
将毫无趣味，那它所附加的功能也会黯然失色，"玩"始终是最
基础的功能。

### （五）美观的造型设计

提到美观的造型设计，大家可能都会好奇，什么是美？这里并不
解释这个概念，而是说，我们怎样可以体会到美，怎样培养自己
的审美能力。设计师不仅仅需要有工程师的思维，也需要具备艺
术家的敏感，有发现美的洞察力。而对美的知觉也是可以去培养
的，而这些美又是可以转化为设计的。

自然界的美是对美感的基本感受。比如七星瓢虫的配色如此童趣，
一眼看上去就会感觉到可爱；梯田的地貌流畅的线条如此和谐；

图 104

图 105

图 106

秋天的枫叶无论是形状还是颜色都令人惊叹。自然的美是没有任何包装的，非常真实地呈现，每一片叶子都美得截然不同。设计师要善于从自然中提取元素，细心观察。小到可以去观察一片叶子的纹理，抚摸一朵花瓣的质感，拥抱一只可爱的猫，感受一棵树枝干的粗糙。大到可以去计划一次旅行，去看自己没有看过的自然景观，比如戈壁、荒漠、雪地、大海、森林、群山，甚至是去潜水、去看极光，读万卷书不如行万里路。用眼睛去观察，手去触摸，耳朵去倾听，鼻子去轻嗅，全身心投入地去感知自然的美，放下手上的电子产品，给自己一点在自然中独处的时间。

自然中的事物也都可以转化为具体的设计，而转化的形式也有很多。有提取线条的，也有抓特征的，或者是从配色上去提炼。比如梯田的线条形态可以转化为产品的流线外观，七星瓢虫的配色也可以用在儿童产品里。设计史上柳宗理大师赫赫有名的蝴蝶凳就是蝴蝶的仿生形态，这是一个很典型的从线条角度去进行处理的案例。蝴蝶凳外形优美，宛如翩翩起舞的蝴蝶，从侧身线条到椅面纹路都经过精心设计、细心处理。

大黄蜂玩具则是抓住了蜜蜂的触角特点，在头雕的设计时取材了蜜蜂的触角，使大黄蜂机甲也有可爱的感觉。配色上也是采取了

图 107

图 107：柳宗理是日本国宝级的设计大师，蝴蝶凳是其代表作之一。

图108：由小号手出品的大
黄蜂拼装玩具，其拼装难度
适中，造型还原度高，售价
亲民，是近期拼装类玩具之
中的精品。

图 108

自然界中黄蜂的黄黑配色，整体又酷又可爱。这种设计就是从自然界动物特点出发，提取动物所展现的视觉元素。

我们也可以在具体的设计案例中学会将自然界的素材融入自己的设计中去，这样整个自然就是我们取之不尽用之不竭的素材库，永远可以给我们的设计增加活力。比如你做一个可爱的 IP 形象，发现有一个雕塑的面部让你感受到可爱，想要参考，并不意味着去照搬那个形态，而是挖掘自己觉得可爱的点是哪里，也许是因为那个雕塑的面部比例，也许有合适的眼间距，有较短的中庭，有圆润的脸型。包括自然界中很多动物，要转换成动物玩具，可能也是提取其具有代表性的特征，而不是完全写实地复刻。以此类推，一幅画的颜色也许并不能直接地套用，但是可以转换成一些配色风格上的新思路。在这个过程中，你也会形成自己的素材库，懂得如何去运用和转换这些美丽的素材，最后整合和吸收为自己的元素用在设计当中去。

图 109

图 110

图 111

图 109～111: 在现实世界的美之外，画家窥见了梦的幻境之美，抓住了潜意识的虚幻与无逻辑的艺术图景，缔造了超现实主义的国度。

想要有好的审美能力也离不开对艺术的了解，多去看艺术类展览，从油画、雕塑、插画、现代艺术甚至装置中探索。我们并不一定能理解画作或艺术作品本身的创意和含义，但是当它们出现在我们眼前，就会跟我们的观念和感觉产生碰撞，时间长了也可以培养我们的审美和洞察力。也许一幅画的配色会带给你不一样的美感体验，一个雕塑的造型会激发你的设计灵感，一个装置和交互系统会颠覆你的认知，或者你只是坐在电脑旁去看那些经典的艺术作品，久而久之，你会更加理解美是什么。美不只是在自然中，也在人类优秀的艺术作品里，是一种可循但是难以被定义的规律和感觉。所以，我们不仅要去训练自己具备审美能力，也要学会去转化自己所感受和观察到的美，最后呈现在自己的设计作品里面。这样的转化并不是很直观的，而是提取的一些抽象元素去进行。

总而言之，美观的造型设计是需要积累的，需要从生活中去发现素材，并且利用到产品设计中。

## 第三节　赋予玩具灵魂

玩具的灵魂往往体现在点睛之笔上面，也就是玩具的细节。当一个玩具的细节能够处处打动人，玩具的灵魂就会由此而体现。好的细节涉及到对材料处理的得当，对形体刻画的精确，对玩家把玩过程设计的体贴和细致。我们从《哈利·波特——霍格沃兹城堡》这个案例，来看看乐高作为一个玩具大厂的过人之处在哪里。

图 112

图 113

图 114

图 115

图 116

图 117

图 114 ~ 117：人物、景物之间的独特比例，创造出全新的观感。即使很多细节特征
被 lego 颗粒所概括，但哈利·波特的灵魂却还在。

2016 年，乐高公布了全新的魔法世界套组——《哈利·波特——霍格沃兹城堡》，这也是全球首款使用积木拼搭的完整的霍格沃兹城堡模型。

在材料的选择上，乐高采用的是符合食品包装安全的 ABS 塑料玩具产品。ABS 材料有高强度、耐冲击性等对玩具本身保存有益的特性，但是最重要的是安全性，对孩子的身体健康不会造成影响。再加上由于 ABS 塑料材质易成型的特点，可以获得想要的形状，这有利于后续的圆角处理。这套玩具一共有 6020 块颗粒，套组内包含了 4 个普通规格的人仔和 27 个迷你人仔，拼砌完成后的尺寸为高 58 厘米，宽 69 厘米，深 43 厘米。

在城堡整体的结构设计上，乐高充分照顾玩家的体验感。城堡的设计采用了方便玩家移动结构，城堡可以分成两部分，中间并没有做出会紧紧固定的卡榫设计，避免了一些由于玩具体量大而造成操作上的困难，采用的是能够轻易组合、分开的形式，这使整个玩具体验流程更加丝滑。整个城堡拼接模块的设计采用的是圆滑的转角，这也避免了在使用中的误伤。

城堡的光泽度方面也是得益于 ABS 材料的 90% 的高光泽度，所以像打人柳、海格的小屋等等，外表质感都很光滑，这使玩家在视觉和触觉上都具有更佳的体验感。

在人物形象上，也充分体现了乐高在细节之处的用心。首先是用色方面，这 4 个普通规格的人仔分别是霍格沃兹魔法学院的四个创始人，人仔的配色则分别为他们各自的代表颜色，大红色和金色搭配的格兰芬多，绿色和银色搭配的斯莱特林，蓝色和青铜色搭配的拉文克劳以及黄色和黑色搭配的赫奇帕奇。整体的用色十分丰富，真实还原了电影人物。

在配色之外，每个人的特点也非常分明，格兰芬多有大胡子和一把长剑，赫奇帕奇举着圣杯留着卷毛，斯莱特林留着长长的白色

图 118

图 118：格兰芬多　赫奇帕奇　斯莱特林　拉文克劳（由左到右）

胡须，拉文克劳保持着长长的卷发，他们的手上都有着颜色各异的魔法棒。即使是衣服上的图案，也通过花纹去还原了电影中的服饰，非常精细。每一个人物的表情，都彰显了他们个人的特点和性格，有的皱眉有的微笑，甚至嘴角的"木偶纹""法令纹"、眼角的"鱼尾纹"和额头上的"抬头纹"都非常细致地刻画了出来。再加上每个人所代表的 logo 上不同的图案，每一个细节都让玩家看到了电影里的角色在这样一个抽象的小人上怎样得到充分的体现。

整套乐高玩具，从材料选择上就充分利用了材料的各方面特性，在结构设计、产品光泽度上也有细致的考虑，即使是乐高小人也无不体现了每一个人角色的特点，充满了细节的刻画，也通过细节使这套玩具更加还原电影中的一切。玩具的灵魂，就在这些细节之处的用心，这些都是需要我们去慢慢体会和学习的。

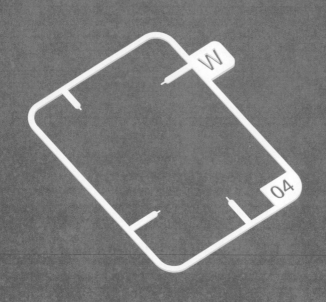

第四章

外延

extension

谈到设计能力的外延，其实避不开一些问题：设计师是什么？设计师只需要负责外观部分，其他都交给工程师吗？我们在做设计的过程，也是一个发现问题、提出问题、解决问题的过程。作为设计师也不只是解决一个表面的问题，更多时候需要去深挖现象背后的本质。设计师需要掌握基本的设计技能，拥有艺术家的审美力、营销者的商业思维、心理学家的洞察力以及工程师的行动力，有时甚至需要掌控整个项目的节奏，合理地推进每个部分，让设计品在各个方面都可以细致入微。听起来当设计师是一件艰苦的事情，其实只是要求设计师在各个方面都可以顾及得到，而不是只停留在产品的表面形态上。在项目中设计师需要把各个部分的成果进行整合，需要考虑结构、材料、成本等多个组成部分，把设计方案在多方考虑下进行演进。

因此，设计师需要对一些工程知识的进行扩充，比如涉及模具制造，需要知道一些模具铸造工艺、压铸件的零部件设计、产品零件生产流程、机械加工和焊接等知识。

还有原料着色与配比是怎样的流程，不同材料表面的肌理的特性、塑料制品的表面处理和涂装过程，以及流水线是怎么装配等。我们也会在本章内容里详细介绍这些跟工程相关的内容。

图 119

## 第一节　玩具工程师

对于产品设计和玩具设计来说，在设计任务中，不但要面对你的
甲方客户，更多的是要面对工程师。在这里我有意将玩具设计师
与玩具工程师区分开来，因为二者在项目当中主要负责的任务确
实不同，但并不是说玩具工程师从事的不是设计工作，设计师不
能解决工程问题，而是在任务的主要分配上存在差异。

作为玩具工程师需要做到：1. 提出分模方案，画分模图。2. 能正
确分析玩具存在的问题并提出改善意见。3. 自己负责的产品要准
时放产，保证低成本和高质量。4. 能够根据甲方需求和车间生产
等各种因素制定中短期工作计划，合理利用各种资源去统筹和安
排，协调和沟通各项任务。这些只是玩具工程师的大概要求，细

图 119：对制作工艺的熟练和精通，
往往能获得更多的创作灵感。

图 120：设定图中是迷友们爱称为
"大青椒"的机体。

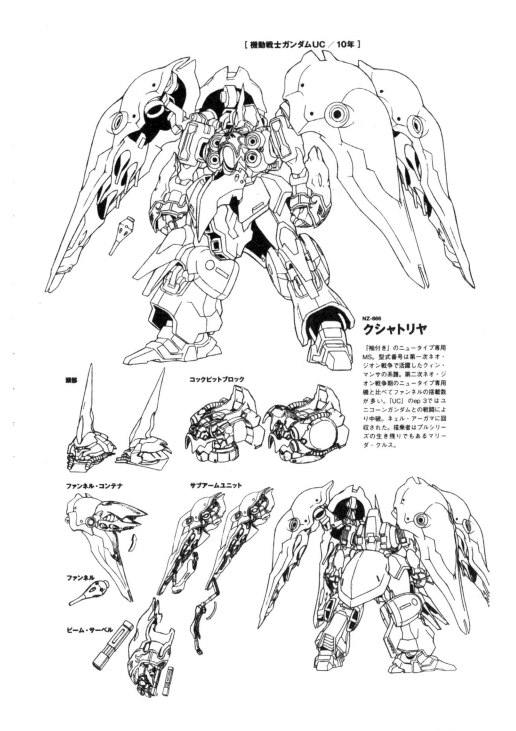

**NZ-666**

# クシャトリヤ

『袖付き』のニュータイプ専用
MS。型式番号は第一次ネオ・
ジオン戦争で活躍したクィン・
マンサの系譜。第二次ネオ・ジ
オン戦争期のニュータイプ専用
機と比べてファンネルの搭載数
が多い。『UC』のep 3ではユ
ニコーンガンダムとの戦闘によ
り中破。ネェル・アーガマに回
収された。搭乗者はプルシリー
ズの生き残りでもあるマリー
ダ・クルス。

頭部

コックピットブロック

ファンネル・コンテナ

サブアームユニット

ファンネル

ビーム・サーベル

図 120

分下来工程师需要去考虑一个产品的结构、零件、配位、安全性等诸多要素，以及掌握制模—装模—改模—测试的整个流程，也需要了解压铸、静电、手喷、总装等工艺。

设计师很难做到像玩具工程师一样，从产品概念的出现到生产全程参与到制造流程里去，但很难回避的一点是，随着当今行业的发展，市场对设计师的要求越来越高，越来越全面。不止要在创意设计阶段展现设计师的风采，还要有对接工作的能力，身份也不止设计师同时还要有工程师，有了工程师的身份有助于更高效高质量地完成设计师的原本任务。当设计师在做设计时不仅拥有感性的创造力，同时也有工程师的理性思维时，就会去考虑到产品从概念到实现可能会面对的问题，使诸多问题在设计阶段就可以解决，便于设计师与工程师之间的沟通和对接，提高了项目的效率。

需要注意的是，有一个矛盾又微妙的点存在于工程师与设计师之间，那就是适当的了解对设计师的帮助是最合适的。设计师不需要像工程师一样全盘了解所有的工程知识，因为了解太多会限制设计师的思路，而懂得太少又会使之在跟工程师对接的时候，对工程术语一无所知，甚至是设计的方案并不能真正生产出来，容易形成沟通上的障碍。成熟的设计师需要适当而又不超出设计师范围的了解，帮助工程师去做设计，就可以了。

## （一）模具制造基本原理

塑胶材料的主要成型方式为注塑模具生产，而大多数玩具的材质也都是塑料，所以对于玩具设计师来说，了解和熟知注塑零件制造原理和基本常识是非常重要的。另外，针对作为塑胶玩具配件的合金零件的生产加工方式，本节内容也加入了对压铸制造的相关介绍。下文将介绍注塑和压铸的基本工作原理和注意事项，希望能引起大家的兴趣，从而去了解更多的工艺方法和制造方式。

图 121

图 121：这张图展示了高达拼装模型的金属模具、产出版件、素组状态和商品包装盒，包含了从生产到销售的全过程。

## 1. 注塑

### （1）定义

通过热和力的作用，让塑料从室外温的玻璃态，经历高弹态转蹴变为黏流态，压注入具有一定形状的封闭模腔[39]，然后在模腔内逐渐冷却，从黏流态到高弹态，再转回玻璃态，最后形成与模腔形状一致的制品，如图 121 所示。

### （2）注意事项

（1）工艺条件不得随意改变，当突然改变时机器须花 2—6 小时才能调整进来。

（2）调节顺序为压力、时间、温度。

（3）一次变更一种工艺条件，间隔时间约 15 分钟。

**(3) 影响因素**

（1）黏度的影响：

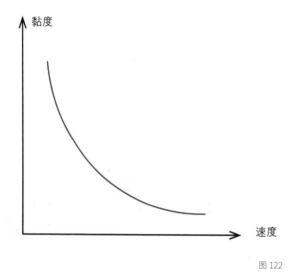

图 122

分子间摩擦大小系数；分子量↑ 黏↓；温度↑ 黏↓；剪切速率↑ 黏↓
压力↑ 黏↓

**（4）注塑温度的控制**

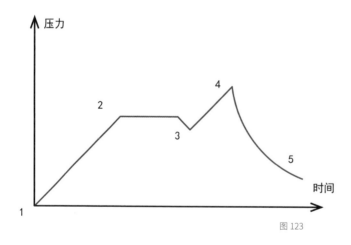

图 123

1→2 塑料开始熔化；2→3 全部熔化；3→4 准备注塑；4→5 注塑完毕

**（5）压力的控制**

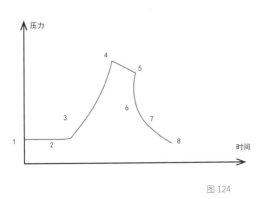

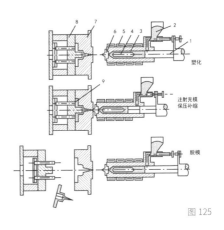

图 124

图 125

1→2 塑料入模；2→3 充满型腔；3→4 继续注入；

4→5 保压；

5→6 螺杆后退；6→7 水口固化封闭；7→8 启模

1: 柱塞　2: 料斗　3: 机筒　4: 分流锥　5: 加热器

6: 喷嘴　7: 定模　8: 动模　9: 塑件

图 126

图 126：海天牌注塑机，是国内注塑厂常用的装备品牌。

## 2. 压铸零件

### （1）定义

压铸零件是一种压力铸造的零件，是使用装好铸件模具的压力铸造机械压铸机，将加热为液态的铜、锌、铝或铝合金等金属浇入压铸机的入料口，经压铸机压铸，铸造出模具限制的形状和尺寸的合金零件。

### （2）分型面[40]的类型

①按分型面型腔的相对位置分类：

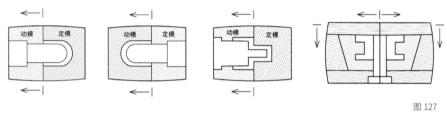

图 127

②按分型面的形状分类：

a 平直分型　　　　b 倾斜分型　　　　c 阶梯分型　　　　d 曲面分型

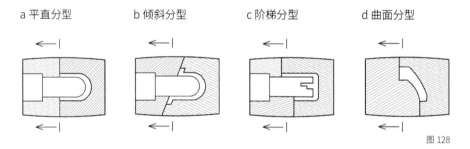

图 128

### （3）注意事项（分型面选择的原则）

①分型后压铸件能从模具型腔内取出来

②开模后压铸件应留在动模上

③分型面选择应保证压铸件的尺寸精度和表面质量（产品的要求），有利于浇注系统和排气系统的布置

④应便于模具加工，模具加工工艺的可行性、可靠性及方便性。

**（4）影响压铸零件件尺寸精度的因素**

①压铸件的收缩率的影响

②成型零部件制造偏差的影响（包括加工偏差，装配偏差）

③磨损的影响

④模具结构及压铸工艺的影响

**（5）压铸制程溶汤的流动方式**

①喷射及喷射流

压力　　　运动能（碰壁）　　　热能和压力

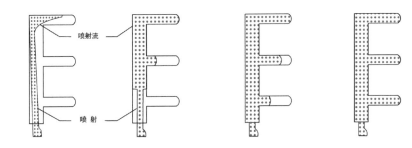

图 129：由喷射、喷射流转变为压力流

②压力流

因冲撞，摩擦和气体阻力等动作的影响，将运动能量耗尽（常发生在加强筋、凸台、远离浇口之部位），具有接受后继金属液中供给的压力能，从而使金属液产生沿铸型腔内壁前进的特性。利用这种特性，可便以型腔排气。在压力流充填的部位，汇集着由喷射和喷射流所充填部分的气体，必须开设排气槽。

③补缩金属流（保压时间 [41]）

## （6）成型工艺

①壁厚

锌合金：0.3MM（最小）　铝：0.5MM

最小孔直径：0.7MM　螺纹螺距：0.75MM

最大壁厚与最小壁厚之比不要大于 3∶1（保证足够的强度和刚度的情况下，尽量保持均匀的壁厚）

②加强筋

大于或等于 2.5MM，会降低抗拉强度，易产生气孔，缩孔。

设计原则：a. 受力大，减小壁厚，改善强度。

　　　　　b. 对称布置，壁厚均匀，避免缩孔气孔。

　　　　　c. 与材料流方向一致，避免乱流。

　　　　　d. 避免在筋上设置任何零部件。

③脱模斜度

| 合金 | 配合面 | | 非配合面 | |
|------|--------|--------|--------|--------|
| | 外（α） | 内（β） | 外（α） | 内（β） |
| 锌合金 | 10' | 15' | 15' | 45' |
| 铝合金 | 15' | 30' | 30' | 1。 |

脱模斜角度通常设计成零件外侧斜度为内侧斜度的一半。

④孔

锌：0.8-1.5（最小直径）

铝：2.0-2.5（最小直径）

### （二）原料着色与配比

所有的塑胶制品都是有各种各样的颜色的，而这些颜色都是用颜料搅拌出来的，这也是塑胶制品的技术核心。如果颜色配比好，商品销量非常好，颜色配比的私密性也是非常受重视的。

一般情况下塑胶制品的原料都是混起来用，比如 ABS 光泽度好，PP 抗摔好，PC 透明度高，利用各个原料的特点按一定比例混合就出现新的商品。但这样的商品一般不用于食品类用具，而更多出现在玩具行业和工业产品设计领域。

图 130

#### 1. 玩具设计方案决定着色方案

对零件的着色可分为两种方式：一种做法是在原料阶段，通过添加颜料使材料获得色彩，这种色彩通常称为塑胶成型色；另一种做法是在塑胶成型色的基础上，通过喷涂、电镀等表面处理工艺来获得更为多变的、富有质感的色彩效果。

#### 2. 成型工艺和零件设计标准决定材料配比

制定材料配比时考虑的主要因素有两个：第一，玩具的制造成本，不同的塑胶材料的原料价格是不同的。在满足设计、制造和检验要求的前提下，减少高价值的原材料比例是通常做法。第二，玩具设计标准，玩具通常由多个零部件组成，其中，每个零件的设计标准都是不同的，如某个零件需要承担多个方向且相对较大的外力时，可以通过将其截面尺寸尽量设计为最大（配合允许的前提下）来获得稳定的把玩效果。在截面尺寸受到限制的情况下，还可以通过改变材料配比或更换材料的方法，来进一步提升此零件的强度、刚度、耐磨程度等。常用的做法是将尺寸较小且截面尺寸不合理的零件，使用尼龙材料替代 ABS 或 PVC，从而达到强度、刚度、耐磨程度等方面的设计要求。

图 131

图 130、131：版件在生产流水上完成油漆喷涂，提高了玩家在素组情况下的模型整体效果，方便那些不喜欢自己动手上色的玩家。相反，对于喜欢自己动手上色的玩家来说，拿到版件后，还需要将预喷涂的油漆洗掉，倒是很麻烦的问题。

图 132

### （三）材料表面肌理与涂装处理

#### 1. 材料表面肌理

（1）肌理的含义

任何一件设计作品都是由许多基本的构成因素组成的，在众多的因素中，形、色、肌理三者是最基本的要素，由这三者为基础进行编排和组织，就构成了千姿百态的设计作品。在常人的理解中，形与色是物体的常态，而肌理被提及的次数远远不及前两者。肌理一般指物体表面的条纹、纹理。多数时候肌理与形、色是完全融合的，没有脱离形与色的肌理。但是肌理又是独立存在的，与形和色又有着截然不同的定义，发挥着独立的作用。当然，本书中所指肌理均是塑胶材料模拟其他材料的肌理效果。

（2）视觉肌理和触觉肌理

视觉肌理主要是指以视觉方式感知的特性，包括物体表面和表层纹理以及是否透明等。

触觉肌理主要是指以触觉方式感知包括物体表面的光滑或粗糙、平整或凸凹不平、坚硬或柔软，在进行触摸时有无弹性等。

这两种肌理在不同的设计形式当中又有着不同的地位。比方说在平面设计中视觉肌理占的比重较大，这是由于这类作品一般不靠触觉来传达信息。但是随着技术的不断进步，有一部分平面设计作品中也逐渐引入了触觉肌理，在一些产品设计作品当中，触觉肌理占有很大的比重。一般来说产品都有一个使用的过程，在过程中使用者与产品之间多多少少会有触碰。在触碰中触觉肌理便产生了作用。是光滑的还是发涩的，是冰冷的还是温暖的，是坚硬的还是柔软的等一系列的触觉体会随之传递给使用者，构成了产品总体印象中的一个重要组成部分。肌理的存在很多时候是依

图 132：图中 MPM-13 眩晕，手持直升机螺旋桨作为武器。为了防止螺旋桨断裂而误伤玩家，设计师选用了较软的尼龙材料来解决以上问题。

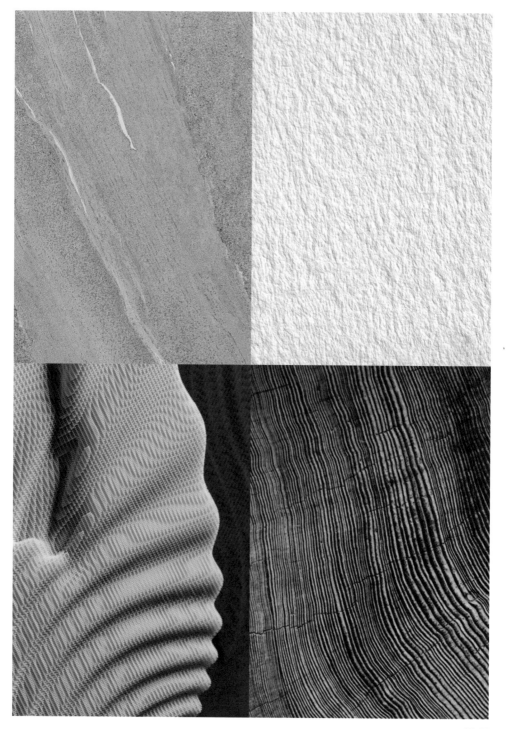

图 133

附于材料的，这种通过肌理所表现出来的色彩和形体是其他形式所无法代替的。

(3) 不同材料的肌理

材料在不同的设计领域中的应用是千差万别的，每一个领域都有自己的特点。比如说在玩具设计中一般会用到金属、木材、塑胶、陶瓷和经过表面处理后的上述材料，其肌理的营造多数靠材料本身成分，但也有部分肌理效果需要二次加工来营造，如物理改变表面肌理的拉丝处理和化学改变表面肌理的蚀刻等。

金属、木材、塑胶、陶瓷等同样常常出现在产品设计中，而这几大类材料可以营造的肌理效果也大相径庭。金属亮眼又别致，它的肌理具有很厚重的质感，散发着一种浓烈的高贵气息，而木材拥有天然的纹理，细腻而富有变化，拥有较强的亲和力，能够使人产生一种亲近自然的感觉。陶的质感粗糙、朴实无华，渗透出一种返璞归真的美感，塑胶的肌理则更加柔和多变。

总之，不同材料种类的肌理可以产生极为丰富的效果。在使用不同材料进行肌理对比的情况下，其优点是显而易见的，效果丰富多变。不同的材质肌理在使用的过程中一定要处理好肌理之间的协调关系，如果把握不好则容易使整个设计杂乱无章。每一种材料在对其进行加工的过程中都有不同的加工工艺，加工方法不同，最终产生的效果就会有很大的区别。例如在加工金属的过程中采用镀铬[42]和研磨就会产生截然不同的肌理感受。在现代产品设计中这种处理手法随处可见，应用十分广泛。

(4) 肌理的美感

肌理给人以各种感觉，并能加强材料纹样、质感的作用与感染力，形成对材料全方位的判断和审美。材料不同，其肌理各不相同，会产生不同的肌理美感。

①立体感

立体感属于真实的三维肌理，给人以强烈的凹凸效果。不同角度的光线会影响凹凸的视觉感受，但只有借助触觉才能获得深刻的亲身体验，强化立体的感知。立体感体现为深度的深浅变化，如天然石材不经修饰的肌理给人天然质朴野趣的美感。

②软硬感

硬邦邦的材料不易造型，外观多以直线条为主。柔软的材料造型丰富多变，多以柔和圆滑的曲线为主，令人感到亲切舒适。如布料是软材的典型代表。

③分量感

材料的分量主要是由本身密度等物理属性决定，另外色彩还会影响视觉的判断，色彩深重的显重，色彩明亮的显轻，视觉对分量的判断容易发生错觉。如钢化玻璃和石材。

④温凉感

材料的物理属性造成表面温度的不同，从而带来人接触时的感觉效果不同，温暖的材料保温性能好，可以表现亲切的作品个性。材料的内部结构决定了其外在的形式，它的美感也借由材料的特点从内到外散发开来，形成独特的审美感，打动人们的感官，进而影响人的精神面貌。

材料的种类很多，它们的组成、结构、性质及表面状态更是千差万别。由于不同产品对于其表面处理的效果和功能的要求不同，因此，材料表面处理所涉及的技术问题、工艺问题等也是十分广泛的，并与多种学科相关。

## 2. 表面处理的功效

造型材料的种类很多，其中金属材料、木质材料和塑胶是最为常用的基本设计材料。从玩具设计的特点出发，金属材料的强度高，加工性能较好，其加工表面具有金属光泽，表面较平滑，适于表达刚硬、科幻的造型；木材质轻，较易加工，其表面具有天然的木质纹理，温暖而亲人，环保且安全性高；塑料的来源丰富，品种很多，成型较方便，且价廉、质轻，透明性和着色性较好，表面处理效果更是无穷无尽，是传统材料的最优替代品。这些材料以及用它们制造成的玩具，若不给以一定的表面处理，那么在各种使用环境下，材料或制件的表面会受到空气、水分、日光、盐雾、霉菌和其他腐蚀性介质等的侵蚀，从而引起材料或制件失光、变色、粉化及开裂等。

表面处理的功效在于：一方面保护产品，即保护材质本身赋予玩具表面的光泽、色彩和肌理等而呈现出的外观美，并提高产品的耐用性，确保产品的安全性，由此有效地利用了材料资源；另一方面是根据设计的意图，给产品表面附加上更丰富的色彩、光泽和肌理等变化，使产品表面更有节奏感、层次感。此外，随着表面处理技术的发展，还可实现提高材料表面的硬度，并可赋予材料表面导电、憎水 [43] 和润滑等特殊功效。

以塑胶制品的表面处理方式为例。塑胶制品的表面处理主要包括涂层被覆处理 [44] 和镀层被覆处理 [45]。一般塑料的结晶度较大，极性较小或无极性，表面能低，这会影响涂层被覆的附着力。由于塑料是一种不导电的绝缘体，因此不能按一般电镀工艺规范直接在塑料表面进行镀层被覆，在表面处理之前，应进行必要的前处理，以提高涂层被覆的结合力和为镀层被覆提供良好结合力的导电底层。

（1）涂层被覆的前处理

前处理包括塑料表面的除油[46]处理，即清洗表面的油污和脱模剂，以及塑料表面的活化处理，目的是提高涂层被覆的附着力[47]。

①塑料制品的除油。与金属制品表面除油类似，塑料制品除油可用有机溶剂[48]清洗或用含表面活性剂[49]的碱性水溶液除油。有机溶剂除油适用于从塑料表面清洗石蜡、蜂蜡、脂肪和其他有机性污垢，所用的有机溶剂应对塑料不溶解、不溶胀、不龟裂，其本身沸点低，易挥发，无毒且不燃。碱性水溶液适用于耐碱塑料的除油。该溶液中含有苛性钠、碱性盐以及各种表面活性物质。最常用的表面活性物质为 OP 系列，即烷基苯酚聚氧乙烯醚，它不会形成泡沫，不残留在塑料表面。

②塑料制品表面的活化。这种活化是为了提高塑料的表面能，即在塑料表面加以粗化[50]，以使涂料更易润湿和吸附于制件表面。表面活化处理的方法很多，如化学品氧化法、火焰氧化法、溶剂蒸气浸蚀法和电晕放电氧化法等。其中最广泛使用的是化学品氧化处理法，此法常用的是铬酸处理液，其典型配方为重铬酸钾 4.5%，水 8.0%，浓硫酸（96% 以上）87.5%。有的塑料制品，如聚苯乙烯及 ABS 塑料等，未进行化学品氧化处理时也可直接进行涂层被覆。为了获得高质量的涂层被覆，也有用化学品氧化处理的，如 ABS 塑料在脱脂后，可采用较稀的铬酸处理液浸蚀，其典型的处理配方为铬酸 420g/L，硫酸（比重 1.83） 200ml/L. 典型的处理工艺为 65C70C/5min10min，水洗净，干燥。用铬酸处理液浸蚀的优点是无论塑料制品的形状多复杂，都能处理均匀，其缺点是操作有危险，并有污染问题。

（2）镀层被覆的前处理

镀层被覆前处理的目的是提高镀层与塑料表面的附着力和使塑料表面形成导电的金属底层。前处理的工序主要包括有：机械粗化、化学除油、化学粗化、活化处理、还原处理和化学镀。其中前三项是为了提高镀层的附着力后三项是为了形成导电的金属底层。

①机械粗化和化学粗化。机械粗化和化学粗化处理是分别用机械的方法和化学的方法使塑料表面变粗，以增加镀层与基体[51]的接触面积。一般认为，机械粗化所能达到的结合力仅为化学粗化的10%左右。

②化学除油。塑料表面镀层被覆前处理除油的方法与涂层被覆前处理除油方法相同。

③敏化。敏化是使具有一定吸附能力的塑料表面上吸附一些易氧化的物质，如二氯化锡、三氯化钛等。这些被吸附的易氧化物质，在活化处理时被氧化，而活化剂被还原成催化晶核，留在制品表面上。敏化的作用是为后续的化学镀覆金属层打基础。

④活化。活化是借助于用催化活性金属化合物的溶液，对经过敏化的表面进行处理。其实质是将吸附有还原剂的制品浸入含有贵金属盐的氧化剂的水溶液中，于是贵金属离子作为氧化剂就被 $S2+n$ 还原，还原了的贵金属呈胶体状微粒沉积在制品表面上，它具有较强的催化活性。当将制品表面没入化学镀溶液中时，这些微粒就成为催化中心，使化学镀覆的反应速度加快。

⑤还原处理。经活化处理和用清水洗净后的制品在进行化学镀之前，用一定浓度的化学镀时用的还原剂溶液将制品浸渍，以便将未洗净的活化剂还原除净，这称为还原处理。化学镀钢时，用甲醛溶液还原处理，化学镀镍时用次磷酸钠溶液还原处理。

⑥化学镀。化学镀的目的是在塑料制品表面生成一层导电的金属膜，给塑料制品电镀金属层创造条件，因此化学镀是塑料电镀的关键性步骤。

涂装工艺所使用主要材料即涂料，涂料（油漆）是指涂敷在物体表面，经过物理和化学变化能够形成具有一定附着力和机械强度的薄膜，起着装饰、保护及其他作用的液体或粉末状的有机高分子交替混合物的总称。所形成的薄膜称为涂膜或漆膜。为了选择合适的涂料，必须掌握各种涂料的性质、涂膜特性的基本知识，即色彩、光泽、涂膜的硬度、附着性、耐蚀性、耐候性[52] 等。

## 3. 涂装

涂装是模型表面处理的最后一道工序，它包括漆前表面处理、着色、干燥三个步骤。

漆前表面处理是指利用化学和机械处理方法清除模型表面诸如油污、灰尘、型砂、焊渣、氧化皮、盐碱斑之类的所有污物。

着色方法较多，根据不同的效果需要可以采用刷涂、擦涂、刮涂、浸涂、淋涂、喷涂等工艺。我们还可以根据需要，通过配色可以得到各式各样的色彩，满足模型造表面的色彩要求。配色的基本原理是：分清主、副色及各种从配色的关系比例。所谓主色就是基础色，而颜色含量大、着色力较强的为副色。

油漆的调试需要在小样上进行，喷涂在样板上烘干，再与色板进行比较，色差较小时再进行大面积涂装。涂料配比时遵循"由浅入深"的原则。加入着色力较强的颜色时，首批加入预定量的70%，再慢慢添加调试，特别是当色相近于色板要求时必须十分谨慎。

此外，我们还需要把握涂料的干湿特性。涂膜干后会出现"泛色"现象，即：浅色烘干后会比湿漆更浅，深色烘干后偏深。因此调色的时候要注意对颜色的深浅状态的把握。新涂装的样板颜色新鲜，再与干的样板比较时，需要将干样板浸湿后再进行比较。颜料因为经分散处理，只能用色漆配制，否则会出现色调不匀的斑痕现象。一般情况下，不同类型的涂料不要互相混合。

涂膜的干燥一般以自然风干为主，一些涂料品种（如氨基漆、热固性丙烯酸树脂漆、合成树脂固化环氧树脂漆等）的干燥需要进行加热烘烤才能完成。

涂装的过程中还要注意模型表面材质对涂料的影响，同一种涂料涂装在不同的材质上，所得效果不尽相同。

选择涂料时还要注意涂料的配套性，即使用底漆、腻子、面漆、光漆做复合涂层的时候要考虑各个漆层彼此之间的适用性和附着性。一旦成分不同、匹配性不佳的涂料混合使用时会造成模型表面分层、析出、胶化等灾难性后果。

理想的产品模型制作，应是结构、形体、色彩、质感等要素与艺术创造有机的结合。色彩和质感的表现处理主要集中在涂装工艺方面，涂料不仅能够带来仿真的色彩表现，而且涂饰后的纹理可以调整模型表面的质感，如亮光漆可以表达出新鲜、亮丽的效果，而亚光漆可以带来沉稳和相对平整的表面质感。这些人工肌理将有助于我们处理模型表面的仿真效果，丰富肌理的层次表现。

## （四）装配流水线

### 1. 手工装配

手工装配流水线作为一种技术含量不高的生产模式大量应用于国内各种制造业。目前国内制造业相当多的产品都是在这种生产方式下装配制造出来的，而且在今后相当长时期内，这种生产模式仍将继续在国内制造业中发挥重要的作用。在目前国内制造业中，虽然部分企业采用了较先进的自动化生产线，但手工装配流水线仍然是最基本的生产方式，仍然大量存在于国内的家电、轻工、电子、玩具等制造行业中，相当多产品的装配都是在上述手工装配流水线上进

行的。由于上述生产线主要用于进行产品的装配作业，所以一般将
这些生产线称为手工装配流水线。

（1）适合采用手工装配流水线生产的产品

通常在以下情况下可以考虑采用手工装配流水线进行生产：
①产品的需求量较大
②产品相同或相似
③产品的装配过程可以分解为小的操作工序
④采用自动化装配在技术上难度较大或成本上不经济

（2）适合在手工装配流水线上进行的工序

通常有：采用胶水的黏结工序、密封件的安装、开口销连接、零
件的插入、挤压装配、铆接[53]、搭扣连接[54]、螺钉螺母连接等。

（3）手工装配流水线的优点

①成本低廉
②生产组织灵活
③某些产品的制造过程更适合采用手工装配流水线
④成本最低的制造方法经常为自动化生产与人工生产相结合进行
⑤手工装配流水线是实现自动化制造的基础

（4）手工装配流水线基本要点

①产品的输送系统有多种形式，工人的操作方式也多样
②工人的工作可以坐着或站立进行，需要一定区域活动
③工序所需要的时间长短有别
④每个工位的排列次序是特别设计安排的，一般不能调换
⑤每个工位既可以是单个工人，也可以是多个工人
⑥工人操作时可以手工装配，也可使用电动、气动工具

⑦少数工序可由机器自动完成的，或人工辅助操作机器完成

⑧手工装配流水线可以进行各种装配操作

（5）手工装配流水线的基本结构

所谓手工装配流水线就是在自动化输送装置（如皮带输送线、链条输送线等）基础上由一系列工人按一定的次序组成的工作站系统，如图所示

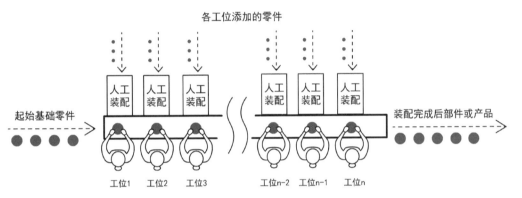

图134

## 2. 机械自动化装配

（1）机械装配与装配自动化

机械装配是按规定的精度和技术要求，将构成机器的零件结合成组件、部件和产品的过程。装配是机器制造中的后期工作，是决定产品质量的关键环节。

装配自动化是指对某种产品用某种控制方法和手段，通过执行机构，使其按预先规定的程序自动地进行装配，而无需人直接干预的过程。

（2）机械装配自动化的必要性

在机械制造工业中，20% 左右的工作量是装配，有些产品的装配工作量可达到 70% 左右。但装配又是在机械制造生产过程中采用手工劳动较多的工序。由于装配技术上的复杂性和多样性，所以，装配过程不易实现自动化。近年来，在大批大量生产中，加工过程自动化获得了较快的发展，大量零件自动化高速生产出来后，如果仍由手工装配，则劳动强度大、效率低、质量也不能保证。为了保证产品质量及其稳定性，改善劳动条件，提高劳动生产率，降低生产成本。机械自动化系统应运而生。

（3）机械装配自动化具备的优点

①装配效率高，产品生产成本下降。尤其是在当前机械加工自动化程度不断得到提高的情况下，装配效率的提高对产品生产效率的提高具有更加重要的意义。
②自动装配过程一般在流水线上进行，采用各种机械化装置来完成劳动量最大和最繁重的工作，大大降低了工人的劳动强度。
③不会因工人疲劳、疏忽、情绪、技术不熟练等因素的影响而造成产品质量缺陷或不稳定。
④自动化装配所占用的生产面积比手工装配完成同样生产任务的工作面积要小得多。
⑤在电子、化学、宇航、国防等行业中，许多装配操作需要特殊环境，人类难以进入或非常危险，只有自动化装配才能保障生产安全。

（4）装配自动化的任务及应用范围

所谓装配，就是通过搬送、联接、调整、检查等操作把具有一定几何形状的物体组合到一起。在装配阶段，整个产品生产过程中各个阶段的工艺和组织的因素都汇集到一起了。由于在现代化生产中广泛地使用装配机械，因而装配机械特别是自动化装配机械得到空前的发展。

装配机械是一种特殊的机械，它区别于通常用于加工的各种机床。装配机械是为特定的产品而设计制造的，开发成本较高，在使用中只有很少或完全不具有柔性[55]。所以最初的装配机械只是为大批量生产而设计的。自动化的装配系统用于中小批量生产还是近几年的事。这种装配系统一般由可以自由编程的机器人作为装配机械，除了机器人以外，其他部分也要能够改装和调整。

从创造产品价值的角度来考虑，装配过程可以按时间分为两部分：主装配和辅装配。联接本身作为主装配只占 35% ~ 55% 的时间。所有其他功能，例如给料，均属于辅装配，设计装配方案须尽可能压缩这部分时间。自动化装配机械，尤其是经济的和具有一定柔性的自动化装配机械，被称为高技术产品。

由上可见，了解手工装配流水线和自动化装配流水线各自特点和优势，有助于我们理解玩具设计中的结构设计和装配设计，还包括配色设计和包装设计等等；有助于增加玩具设计方案的成熟度，加快实现量产的进度；有助于提高生产企业的工作效率，进一步加快玩具开发项目的整体进度。


## 第二节　沟通的重要性

沟通，简而言之就是信息的传达。《设计中的沟通》一书的作者许晓伟也提到，对于设计师来说：一个设计师的成功，只有百分之二十五是由于他的设计创意和技术，而另外百分之七十五取决于他的沟通能力。设计沟通不同于设计交流，就其定义来说是项目双方为了实现设计目标，把信息、思想、情感等在个人或群体之间进行传递，并达成协议的过程。在现代艺术设计活动中，主要是指设计方与项目方针对设计任务所进行的所有交流与协作。

它是设计师认识了解项目任务的基本手段之一，是设计创意的起点。设计的沟通主要分为内部设计沟通和外部设计沟通，内部设计沟通的管理是为了设计队伍的协同和管理，外部设计沟通是设计师和企业客户、地方玩具产业的社会性沟通，以及与玩具使用者的沟通。而在规范成熟的设计市场体系中，设计沟通体现的是设计创意的针对性，是创新成为可能的前提，也是艺术设计行业向前发展的推动力之一。

## （一）与客户的沟通

与客户沟通的第一步是什么？是倾听。有效率的倾听可以在有限的时间内获取到对方的需求信息，例如对产品的认识、期望、背景、对于现有方案的意见等，这些都是提炼对方信息的关键点，对于后期做设计起到很重要的指导作用。

同时作为经营企业，对利润的追求和设计成本的控制是它发展壮大的根本，设计的品质与设计价值都是成正比关系的。在这种对立的关系条件下，如果放弃沟通或者沟通失效，基于利润追求去迎合客户的要求被动完成设计，那么设计思维将没有任何意义.更谈不上设计创新。

所以沟通并不只是设计师的"独角戏"，也是与客户的"双人舞"。在了解到对方的需求后也需要及时地从专业角度去反馈自己的一些疑问和思考，提出自己的想法和建议，以及下一步的设计规划，不能完全被牵着鼻子走且对甲方的要求俯首称臣。设计是"感性＋理性"的工作，感性离不开设计师的沟通能力。善于协调、沟通才能保证设计的效率和效果，这是现在市场对设计师提出的一项附加要求。

设计沟通也是设计师对于客户的期待愿望和审美需求的认知过程，在此基础上设计师结合自身设计审美和相关市场调查依据。在满足客户意愿的基础上运用专业的设计手段和知识，把客户朦胧的审美变得清晰可见。任何出色的设计同样是对一些表面看来极为普通的视觉元素进行规划整理的结果，但是它所融合的每一个必要元素都是建立在实现客户目标愿望的基础之上。脱离了这个基本要求，再好的创意都会变得毫无意义。而这一切都依赖于沟通的效力和结果。

## （二）团队内部的沟通

沟通不只是针对客户，也存在于设计师自己的设计团队，内部沟通模式的建立可以对企业各个部门和外部系统的信息进行整合，协调设计所需的各种资源，实现部门间及时的双向互动，对整个设计过程实施监控。和团队之间的沟通在某种程度上也是一个发现问题和交流问题的过程，团队成员之间的及时沟通和问题讨论也会提高项目效率。

在团队协作上，沟通主要体现在纵向的上下级及横向同级成员间的相互交流上。良性的沟通事实上往往建立在项目组内部良好融洽的人际关系上。上下级互相尊重，而同级人员则相互信任。在加强沟通时，要避免沟通过度，过于频繁的团队会议将导致沟通效率的低下以及时间的浪费。

## （三）与使用者的沟通

设计多是从"概念设计"出发，再从平面草图转化为实物，这样的设计程序涵盖了设计师、生产制造与生产者几个角色不同对接的交替，还会随着市场的变化与消费者消费行为的改变而变化，设计师需要从多方面去考量。企业的经营，最终的关键都在"消费者、使用者"。设计师通过他们的反应和反馈，能够对产品给予相关的设计咨询和对产品提出相关的设计策略建议。通过沟通，设计师可以得出"实际功能"的全面认知、对产品"审美功能"的改进。因此，设计师也可以跟目标消费群体多进行一些接触，比如做 IP 形象就可以多跟喜欢动漫的年轻群体进行接触，了解他们喜欢的形象和背后的设定。不仅仅是通过资料收集和一些大数据，更多地去跟使用群体去进行相处和沟通，会更加清楚自己的玩具产品。在产品的样品制作出来以后，也可以给适用人群去进行体验，去把玩，收集反馈和建议，这都有利于设计师对产品的修改和完善。

## （四）高校与地方产业的沟通

笔者所管理的工作室就是高校与地方产业沟通的一个媒介，代表汕头大学和汕头市地方玩具产业进行合作，其实在合作中最艰难的工作也是沟通问题。

首先是企业内部的沟通，由于各级主管人之间的沟通和甲乙双方的沟通存在着误差，导致了沟通效率的降低。然后高校内部的分工也需要沟通，要将适合每个学生的部分分配下去并进行对接，在沟通上也很耗时间。而高校跟企业之间，又存在着沟通的障碍，比如需求的不明确，企业方的想法会在方案交付后又有变化，于是高校也需要根据需求进行调整，团队内部也会因此有所倦怠。所以地方和高校沟通的一个明显的缺点就是沟通成本较大，不在一个公司内部，有时只能通过线上会议去进行沟通，很多问题不能及时解决。

高校与地方产业沟通在沟通成本加大的同时，也带来了发展机会。首先高校与产业沟通是掌握新技术或前沿信息的最有效途径，可以获得地区产业的各种生产经验。高校学生也可以提前接触到社会项目，并且在项目中成长，有利于后期的工作就业。地方产业也能够通过跟高校学生的合作，接触到年轻人的思维和创意，从高校中汲取鲜活的创意源泉。

### 第三节 设计无处不在

国际工业设计协会（ICSID）成立于1957年，2015年改为世界设计组织（WDO），在其历史上曾5次给出设计的定义，这几次设计定义的迭代深刻反映了业界对设计活动认知的变化。其第四版定义（2006年）是："设计是一种创造性的活动，其目的是为物品、过程、服务以及它们在整个生命周期中构成的系统建立起多方面的品质。"从此，"系统"成为设计研究与实践中被重点讨论的一个概念。也正是系统的概念，大大拓展了人们对设计活动内容的认识，其思考必须涵盖从生产制造到被废弃的整个生命周期，复杂性明显增加。

设计师所面对的项目，是由一个又一个的小要素所组成，而要素之间存在着某种联系使之推动整个设计系统运行，所以每一个小要素是需要设计的，从宏观来看要素之间的关系，也是需要设计师去统筹和界定的。

### （一）精益求精

设计师在掌握系统设计思维的同时，也需要把握好项目的每一个小细节，即使无法面面俱到，也需要有这样的细致眼光和敏锐的感受。一个设计项目从概念产生到落地跟设计师都是息息相关的，每一个环节设计师都有义务去参与和学习，并在这个过程中不断地去思考和改进自己的方案，同时在不断地锻炼中越来越懂得如何去做设计可以减少后续的修改，提高自己的工作效率。也在一次又一次的改进中学习如何跟团队或者客户沟通，在项目的交接中也能够知道自己怎样做可以为后续的产品落地减少难度。同时在设计的时候考虑好每个微小的细节，"优秀的设计是考虑周到且不放过每个细节。"德国设计大师迪特·拉姆斯说过这样的话。设计师在细节之处的把控是设计师能力的一个表现，好的细节可以给产品增加额外的创意，也能够为后续加工减少麻烦。精益求精，不是一个结果，而是一个过程，需要设计师在项目中不断地投入和努力，需要感性上的细腻感受和理性上的恒久思考，这是对产品使用者负责，也是对自身工作的担当。

图 135

比如乐高积木采用注塑成型技术，我们可以在乐高积木的表面上看到注塑成型的痕迹。从外面看，乐高积木表面呈 90°，但我们把单个的乐高积木剖开来，你会发现其内部中间的两根有 1.5°的倾斜，正是这种拔模角度设计使得乐高积木能够从模具中取出。这样一个小的设计要素对乐高整个系统搭建起了必不可少的作用，乐高玩具的发展也离不开这个设计的产生。以此类推，设计师不仅需要在自身工作部分做好，也需要兼顾超出自身工作部分的设计。设计是一个系统，每个系统的每个环节都需要设计。不仅仅是产品结构，也要考虑到产品的模具安排和产品整体的视觉形象，甚至是产品的品牌形象等。

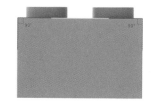

图 136

## （二）打破常规

打破常规，意味着对司空见惯的已成定论的事物、现象或观点的突破。设计中的打破常规，往往体现在产品的创意和对市场的把控上。万代作为塑料玩具的巨头公司，在其发展过程中也有过打破常规的经历，使之在似乎山穷水尽之时找到了发展的新道路。

万代的二代掌门人山科诚自小就对玩具事业不感兴趣，但是他看到了一个即将数字化的世界。正值 20 世纪 80 年代后期，任天堂 FC 在市场上大卖，热度不减。90 年代时，丌始有实体玩具转入电子游戏市场。这些都使山科城看到了新的风口，于是他开始推动万代从事设计并销售任天堂 FC 游戏机的相关游戏，日本玩具业的巨头万代也从此开始进入电子游戏产业。

图 137：1991 年 4 月 20 日发售于 Game Boy 平台，其主题为"为了保护地球，来自世界各地的钢之战士共同集合对抗邪恶势力。"

但是这个迎合市场和时代发展的举措，却迎来了一个重创，涉足

图 137

电子游戏产业的万代因为业绩不佳造成了集团连年的赤字，并在 1997 年考虑同世嘉公司进行合并。好在同年万代以"拓麻歌子"为首的一系列电子宠物热卖使得财政危机解除，再加上万代员工的反对，这项被业内人士一致看好的合并计划最终搁浅。

万代并没有因为之前的挫败而放弃电子游戏的道路，依然坚定地认为这是时代发展的趋势，他们打破了之前做玩具的常规道理，坚持拓展新的方向。1989 年，万代收购了一家名为丰荣产业的游戏制作公司，该公司在被万代收购之后更名为 BANPRESTO（眼镜厂）。这家开发了包括《超级机器人大战》系列的游戏制作公司在 1994 年初涉足景品制作之后，到今天已经彻底成为万代南梦宫旗下的"景品"开发大厂了。也因为这些在游戏领域的拓展，万代的品牌更加地为众人所知，IP 也越来越多元。进入 20 世纪 90 年代，万代在日本乃至全球玩具市场的大哥地位基本确立。在游戏领域发展以后，万代为了更好地掌控 IP 源头，便于自己的玩具销售，万代于 1994 年收购了 SUNRISE（日升社）。这一举动也使得万代从源头完善了自己的玩具制造产业链。

山科诚在玩具行业的发展上另辟蹊径，打破传统的发展模式，从电子游戏入手去推动发展，使万代在游戏领域拥有一席之地，反哺了玩具的产业链。在今天来看，万代一直走在这样的道路上，从来没有拘泥于传统的玩具制造业，从玩具到游戏到 IP 到影视，万代在文化产业的各个领域进行着拓展，已经形成了一个强大的文化体系。这都离不开万代在其发展过程中对常规的质疑，对市场的把控，以及对未来的眺望。

## 第五章

# 未来

future

这部分将着重地聊聊玩具设计的明天。随着人类社会发展到达一定程度，玩具的种类和玩法在不断地进步，越来越需要设计师去进行创新开发，而在这个过程中会有哪些困难？设计师在当今的社会议题中又承担着哪些责任？设计师面对的是什么样的市场前景？又如何在未来的环境中保持一个创造者的身份？当然，在追寻这些问题的答案的过程中，千万不要忘记回头去研究玩具的历史和相关文化，梳理其发展的过程并从中想象未来。

图 138

图 138：C- Girl 宝藏娃娃

### 第一节　成为玩具设计师之后

成为一个玩具设计师之前，我们需要对玩具的认知足够了解，技能达到一定水准并且具备一些设计师的基本技能。而成为一个玩具设计师之后，不仅仅需要基础性的一些技能和认知，更需要承担起一个设计师的责任，同时也要对行业、市场的整体情况有所把控。

### （一）设计师的责任

图 139

20 世纪 60 年代末，美国设计理论家维克多·帕帕纳克出版了《为真实的世界设计》，提出了对于设计的伦理观念。书中明确提出了三个重要的原则：1. 设计应该为广大人民服务，而不是为少数富裕国家服务，设计应该为第三世界的人民服务；2. 设计不但应该为健康人服务，同时还必须考虑为残疾人服务；3. 设计应该认

THIS IS NOT A
NATIVE MARINE
CREATURE

图 140

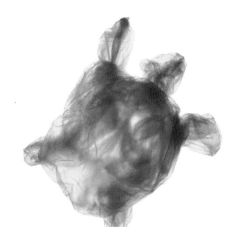

图 141

图 139 ～ 141：在环境逐渐恶化的现况下，受到威胁的不仅是动物的命运，人类社会也面对着巨大的挑战。
作为设计师的我们，也更需要承担起关怀社会的责任。

真考虑地球的有限资源使用问题，应该为保护地球资源服务。

在当今这个环境日益恶化，而人对于物质生活的需求日益增长的时代，作为设计师，我们不仅需要具备专业素养，也应该建立一个设计师的伦理观。首先，无论我们做的是什么设计，设计师都属于社会的一个重要群体，所以应该担当社会道德、职业道德、思想道德等道德责任。

其次，设计师应该意识到他所承担的社会责任。人类通过设计可以制造产品、改造环境甚至影响人类自己。设计是人类改造世界的有效方法。在面临如何更加合理地改造世界的问题上，尤其是在当今环境日益恶化的背景下，更加需要考虑环境与生态。

在陆蓉之女士的讲座上，她曾经谈到一个问题，总结来说，就是我们为什么要制造那么多不可回收的塑胶玩具？这并不是意味着因噎废食，而是如果这些不易分解的塑胶要被使用，那为什么不使用在更好的玩具上。我们可以看到那么多粗制滥造的玩具，缺乏设计和美感。所以作为设计师，需要去设计更好更精美的玩具，淘汰掉那些粗制滥造又消耗资源的玩具产品。这其实也是未来发展的趋势，我们的设计最终需要走向绿色、环保。

当然，设计师还要带动社会群体来关注那些被人所遗忘的社会大众，例如空巢中老年人、残障人士、特殊人群等等。设计师有责任和义务带动整个社会向一个好的方面发展，例如现在的绿色设计、生态设计、安全设计、服务设计、健康设计等等。

设计师的责任感依然是最重要的，为人民服务，为社会服务，关爱人民的身心健康，推动社会的发展是一个设计师要坚守的一种信念。

## （二）行业现状

中国人力资源和社会保障部每年都会向社会公布一批新职业名单，这些带有时尚名称，甚至在高校专业目录上都很难找到的新兴职业犹如朝阳，灿烂生辉、前程无量。2006 年 3 月中国人力资源和社会保障部正式发布批准"玩具设计师"这一新职业，但目前国内真正科班出身的玩具设计师却寥寥无几，其人才缺口数量远远超过动画、漫画、游戏等专业。

2021 年，面对严峻复杂的国际疫情和世界经济形势，中国玩具（不含游戏）出口额高速增长，国内市场上玩具的销售额平稳增长。中国玩具（不含游戏）比上年增长 37.8%，增速为近五年最高。《2022 中国玩具和婴童用品行业发展白皮书》显示，2021年，中国玩具（不含游戏）出口额为 461.2 亿美元，比上年增长37.8%。可以看到中国玩具的销售额在后疫情时代依然只增不减，有着广阔的市场。

中国玩具行业在当前也出现了很多新兴力量和领军的品牌。近几年崛起的泡泡玛特掀起了一阵潮玩风，随着盲盒市场的愈发火热，受到越来越多年轻人的喜爱追捧，泡泡玛特也作为市值超千亿的"盲盒第一股"上市。2021 年，泡泡玛特自有 IP 实现营收25.87 亿元，同比增长 164%，占总营收的比重从 2020 年的 39%增至 2021 年的 57.6%。同时，泡泡玛特跨界跟各大品牌进行联名，推出各式各样的联名礼盒，使潮玩有了各种不同的形式，进而促进了消费和商业交流。

在机甲拼装领域，御模道虽然成立的时间并不算长，但在国内玩家眼中已经算得上是颇有资历的一线国创品牌，也是国产玩具的新兴力量。御模道是次元模坊携手国内顶尖模型创作开发团队于 2018 年创建的模型品牌，公司总部位于国际科技创新中心城市——深圳，主要从事开发各种动漫影视衍生品，以及自主创作IP 系列模型产品。御模道的宗旨是要将东方人的工艺技术及创作

图 142

人才汇集一线，遵循作为模型人应行之道，为支持国内 IP 衍生品的发展而贡献力量。在 2018 年初，御模道联合次元模坊在国内推出第一款产品——首款正版授权的日漫 IP《机动奥特曼》拼装模型，于 2018 届的上海 WonderFestival 展会中初次亮相，立即在模型圈内掀起一阵"拼装奥特曼"风潮，各方模玩人士好评与支持都络绎不绝。

长期以来，全球七成以上的玩具都在中国制造生产，但其中大多数是代工。缺乏原创是中国玩具留给外界的普遍印象，但这样的外界印象也开始逐渐被打破。我们可以看到一些玩具企业正在崛起，中国原创的 IP 也得到了更多认可，越来越多企业开始意识到原创的重要性。但是市场对人才的需要和科班玩具设计师的稀缺形成了鲜明的对比，中国玩具行业要继续发展，离不开年轻的玩具设计师涌入，给中国玩具市场注入更多的活力和原创动力。

### （三）多样性发展

玩具行业发展的趋势越来越多样，潮流玩具、手办、变形玩具、编程玩具等大量涌入市场，人们也不再只是为玩具本身的可玩性买单，玩具的品牌和强大的 IP 也吸引着消费者。传统玩具也不甘示弱，随着时代而历久弥新，焕发出新的生机。我们从以下三个案例具体地了解一下当今玩具的发展和变化。

图 143

**1. 以 IP 运营为核心、以盲盒为主要承载形式的发展模式**

提到当今国内潮玩领域，泡泡玛特可以说是有一定的代表性。如今大街小巷随处可见的塑胶小人，究竟有什么神奇的魔力呢？

当我们细挖泡泡玛特的发家史，三个重点引人注意：（1）泡泡玛特的用户定位的前瞻性；（2）盲盒模式所带来的刺激性以及用户粘性；（3）泡泡玛特签约大量的设计师，打造众多 IP。

首先将用户定位在以"Z 世代"用户为核心圈层的年轻人，尤其是一、二线城市的潮流人士。这个定位极其精准，在当时具有很强的前瞻性。"Z 世代"意指在 1995—2009 年间出生的人，又称网络世代、互联网世代。这样精准的用户定位加上泡泡玛特潮流的造型使之迅速在年轻人中"出圈"。

图 144

同时，特殊的营销手段也是泡泡玛特成功的关键。泡泡玛特采取的是盲盒这种销售方式，这种销售方式利用了消费者两种心理，一种是猎奇心理，使用户非常好奇和期待自己抽中的是哪一款；一种是赌博心理，使用户想要赌一把，看看能不能抽中自己想要的那一款玩具。盲盒一般以自动贩卖机的形式出现在商场各大位置，精品店也可以进行贩售，这种销售渠道也脱离了玩具店的传统定义，使用户在逛商场的时候就可以买到，不需要进玩具店进行选购，这样的形式也有利于泡泡玛特在市场上被更广地宣传出去。

图 145

第三，泡泡玛特对于 IP 的打造，尤其是那些独家代理的或者完全自有的 IP。品牌与 IP 具有相通之处，但并不完全一致，品牌是一种市场概念，不过它往往能以商标等形式在法律上确权，从而也可以纳入到 IP 的范畴。在泡泡玛特的发展历程中，IP 与品牌既相辅相成，又表现出明显区别。泡泡玛特创始人王宁在接受采访时，屡次以唱片公司的例子来阐述泡泡玛特的商业模式：签约那些非常有想法有才华的潮玩设计师，帮助他们将灵感以玩具

图 146

图 147

图 148

为载体实现，再以商品的形式售卖出去，从而既满足了艺术需求，
也创造了商业价值。

截至 2020 年上半年，泡泡玛特共运营了 93 个 IP。其中，12 个
为自有研发的 IP，25 个为独家 IP，56 个为代理的非独家 IP。
其前五大 IP 分别为 Pucky、Dimoo、Molly、The Monsters 和
BOBO&COCO。种种综合性的努力使泡泡玛特平台的品牌形象越
来越清晰，也越来越有辨识度，很多人哪怕不是泡泡玛特的用户，
也已经知道了有这样一家公司在做潮流玩具，而且是市场上的领
军角色。

当今，泡泡玛特也已经发展到现象级的程度，盲盒市场也出现了
各种不同的品牌可以选择。那么在日趋饱和的盲盒市场，泡泡玛

图 149                                       图 150

特的寿命该怎么延长？当所有的形象日趋完善，又会有怎样的方法可以使之继续发展呢？笔者认为想要在未来继续有影响力可能需要将其发展成文化产业，在影视、动画等多个领域去进行扩展。因为只要 IP 形象的背景故事足够打动人，就会有更多人愿意为此买单，比如一些经典的动画形象哆啦 A 梦、蜡笔小新等不论过了多久依然被很多人喜爱。当潮玩的形象已经丰富到一定程度，其背后所承载的故事也需要跟进，做潮玩的越来越多，消费者的选择也越来越多，而潮流玩具本身也存在着容易被淘汰的风险。所以潮流玩具如果想延长寿命，IP 形象就需要在影视动画以及各种文化产业上有衍生，让大家不仅仅是为品牌和形象买单，也为背后的故事和所涵盖的意义买单。

## 2. 万代 SHF 系列哪吒模玩——国潮风的崛起

近年来，在文化领域刮起了一阵"国潮风"，而什么是国潮呢？"国潮"是一种现象，它有着中国传统文化的基因，又跟当下的潮流融合，具有时尚感。同时也是众多行业发展的新趋势，包揽影视行业、文化领域、玩具产业等等。

随着《大鱼海棠》《大圣归来》《风语咒》等一系列优质国漫电影的上映，似乎预示着中国动漫电影的崛起。《哪吒之魔童降世》更是以其带有颠覆性的设定和创意性的改编走向世界。电影中的人物设定很有特色，尤其是略带邪恶甚至朋克气息的主角哪吒，

图 151

图 152

清秀唯美灵气风格的男二敖丙。这些国潮 IP 以
国漫的形式出现在大众视野，深受观众的喜爱。

2020 年 7 月 16 日，万代魂 SHF 系列推出了《哪
吒之魔童降世》中的主角"哪吒"和他的好兄
弟"敖丙"形象人偶，消息一经发布轰动了整
个国内模玩圈。这是国产的原创动漫 IP 第一次
出现在了日本万代公司的产品线里。

哪吒本身也是中国传统文化里非常典型的一个
角色代表，电影中的哪吒也有着丰富的中国传
统文化元素。比如哪吒的武器浑天绫、火尖枪、
风火轮和乾坤圈的武器设定最早出自明代神怪
小说《封神演义》，哪吒的发型则来自我国古
代儿童或者未婚少女的一种发型，叫"丱（guàn）
发"。还有整体红色的基调、背后的莲花以及
服饰等都具有浓郁的中国特色。万代在这些细

图 153

图 154

图 155

节之处，也生动地还原出来了哪吒的"魔童"形象，通过技术刻画出了一个栩栩如生的哪吒。

哪吒的产品全高十厘米左右，本体在做工上最让人眼前一亮的是还原度相当高的面雕，造型无可挑剔，无论是眉心标志或是腮红细节等都栩栩如生。眼睛部分做出了独立的分件，涂装上更为细致，眼睛的层次感分明，很有光泽感，整个脸型在眼睛的烘托下也更加立体。在其咧嘴笑的脸型中，连牙齿也采取了独立分件，使牙齿的刻画变得相当的漂亮和立体。脸部是有消光涂装的，但在瞳孔处的地方会有很强的光泽感。

在头和身体连接的结构上，中间是一个较长的脖子零件，两端都是球形关节，增强了头部的可动幅度。脖子上还可以套乾坤圈的零件。乾坤圈的零件采取了金色涂装，并有非常精致的纹理刻画。

图 156

图 159

图 157

图 160

图 158

图 161

图 162

红色背心的背后有一个白色的莲花印，这块图案是可以拆除的，拆除后会露出一个六边形的接口，这个接口是用来安装支架的。

这款产品的配件也是一个比较大的亮点。在支架的根部有一个火焰的特效件，和哪吒的法宝风火轮一个材质，这个特效件全部都是用透明材料制作加上渐变色的涂装，由黄变到红，放在支架底部或哪吒脚底都是一个非常好的装饰。

哪吒的另外两个法宝制作也很精细。混天绫使用的全部都是硬质塑料制作，所以说在造型的刻画上会非常的锐利，上面还有一些金色的移印。整个火尖枪枪尖使用的全部都是硬质塑料，上面有很多细致的图案刻画，再加上金色的涂装后很有质感。

哪吒的好朋友敖丙也有着丰富的中国元素。中国古代一直有龙的传说，敖丙是龙王之子，头上的龙角元素代表了他的人物身份。发型参考了古代的束发加冠，半束半披的扎法更显仙气。衣着则是偏汉代的设计，并且有着符合人设的水形纹样。在外形上，敖丙是人和仙的综合体，身形飘逸，举止儒雅，一派翩翩美少年形象。因为是灵珠转世，敖丙的额头上有一个代表冰霜的太极两仪之一——蓝印记。在敖丙的模玩设计上，万代也通过各种细节呈现出了敖丙这个半人半仙的冷峻角色。

图 163

图 164

图 165

图 166

敖丙的脸部采用了数码喷绘，而数码喷绘技术就是万代一直做的真人 SHF 产品的喷绘技术，将其用于敖丙这种动漫角色，效果很不错。衣服上的蓝色水形纹样也刻画得非常细致，身上所有服装的零件处都是没有涂装的成型色，只在边缘处的纹理处用到了一些移印或者涂装的工艺，整体是很自然的流线褶皱刻画。

敖丙头部和身体连接的中间同样也有一个与哪吒类似的连接件。值得一提的是，它的后发有一个独立的关节，把后发的关节抬起来一点之后，敖丙头部的变动角度会更为理想。敖丙的武器冰锤是由透明零件制作的，非常的通透。冰锤表面的龙纹以及祥云的刻画都是相当锐利和清晰的，造型非常漂亮。

总的来说，两款手办可玩性强、还原度高、涂装精良，是万代与哪吒联名的良心之作。万代对于这两个 IP 的倾情打造也体现出一点：其实我国并不缺好的原创 IP 形象，所以需要反思的是为什么是日本的万代公司去做这件事情，而不是我国自己的生产商呢？中国其实有很多优秀的传统文化需要我们去挖掘，也有很多特别好的 IP 形象可以去创作，这次是哪吒和敖丙，也许下次就是水浒传、西游记里的一些经典角色。我们需要有非常强大的文化自信去支撑我们做设计，相信中国的文化是可以走向世界、惊叹众人的。同时，也需要慧眼识人的商家，愿意支持中国的国潮玩具产业。笔者也相信，在不久的将来，国潮相关的产业也将走向世界，拥有更壮大的消费群体。民族文化就是最好的创作源泉，设计师如果深入了解本国文化，会发现有很多可以去挖掘和探索的部分，也能够赋予作品更多的意义，起到宣传民族文化的作用。

### 3. 传统玩具的发展——以球类为例

传统玩具是一种区别于潮玩的大类，有着悠久的历史，在不同的历史阶段也随着不同材料和技术的更新而发展。传统玩具的玩法虽然基础，但是有各种可能性，比如最基础的玩具球，可以追溯到旧石器时代，在屈家岭文化遗址中就已经发现了四十多个有着不同纹样的陶球。

球作为非常原始的一种形态，后面演变出来了玻璃弹珠、足球、篮球、乒乓球、皮球甚至是溜溜球等各种各样的球类玩具，它们有一个共同特点：人与球的互动是玩法的关键。球也不单单具有一种玩法，和各种场合结合衍生出了桌球、乒乓球、桌上足球等娱乐项目。而球作为个体玩具也是最基础，自身就存在可玩性的，比如可以拍的皮球，可以用手去捏的解压软胶块，可以变形的变形球等，随着材料的更新和技术的革新，球也有了日趋多样化的玩法。传统玩具的特点在于历久弥新，经得起时间的考验，比如孔明锁这样利用中国传统榫卯结构的玩具在现代依然被消费者所喜爱。

传统玩具球不仅是在玩法上的更新，随着动画影视的发展，也有了 IP 的承载和多样的形式。在《宝可梦》动画中球以一种精灵捕捉器的形式出现在观众眼前，市场上也出现了装着宝可梦的精灵球玩具，这个精灵球就不只是依靠球本身的玩法，而是给球赋予了新的含义。大家购买精灵球也不再只是因为它作为球的玩法，

图 167

图 167：玻璃珠，最为人熟知的应该是小时候玩跳棋时五颜六色的晶莹小珠子。

图 168：海洋球、波波球是婴儿游乐场的产品，淘气堡和野外活动用品等等，可给婴儿带来智慧和乐趣。

图 168

而是背后所承载的意义——可以捕捉精灵使之成为宝可梦。这也是球类玩具越来越多样的一个表现。万代的扭蛋机也采用了这种球的形式，不同的是贩售的重点是球里面的玩具，球也是玩具整体的一部分，作为扭蛋而存在。从之前围绕玩法产生的互动到如今由其背后承载的意义带领来的互动，球的互动性无疑被赋予了更多样的意义。

玩具球也可以作为玩具整体的一个部分进行拆解和使用。比如常见的 3D 立体迷宫球，就是将球和迷宫进行了一个结合，要通过平衡使球走出迷宫。跳棋也是以玻璃球为棋子，用一套游戏规则去进行玩耍的，玩法的重点是游戏规则，而玻璃球只是作为媒介使用。这类玩具中球只是作为玩具的一个部分，重点的可玩性都是围绕玩具主题或者游戏规则去展开。

图 169

图 169：精灵球是《宝可梦》相关游戏、动画、漫画等相关产品中的重要道具之一。分为很多种类，各有不同用途。宝可梦球是宝可梦世界中收服或携带宝可梦的一种道具，不同种类的宝可梦球还拥有不同的特殊效果。

图 170：瑜伽球或是跳跳球，可以辅助锻炼或是坐到上面蹦蹦跳跳。

图 170

从玩具球中我们可以看到，传统玩具有很大的演绎空间，随着今天科技的发展，球类玩具也可以融入声光电等特效，吸引消费者。同时球也可以变形成其他样式，有了各种可能性。不仅仅是球，也许是榫卯，也许是陀螺，也许是其他传统玩具，跟现代科技结合都有更多可能。

### 第二节　创新设计的障碍

2014 年 9 月，国家领导人在夏季达沃斯论坛提出"大众创业，万众创新"的方针，创新在设计师看来也是必不可少的一个责任，但是在市场当中其实我们面对的问题并不简单，创新设计也存在着许多障碍。创新需要金钱、时间和前期不断地投入，而因循守旧会来得轻省和简单。设计市场的问题日益凸显，在二者的碰撞下，我们面临更大的创新成本，也不得不问自己，设计师该何去何从。

#### （一）设计市场

虽然设计市场上相关从业人员大幅度增加，设计需求市场不断扩大，但是不负责任、粗制滥造的设计赝品比比皆是。究其原因，不断恶性循环的市场竞争直接导致了创意行为的异化。在价格成为左右项目设计关系建立的主要因素时，创新变得无关紧要，作为保障设计创意品质的沟通便失去了存在的意义，设计师在技术复制和设计创造的两点间犹豫徘徊，这无疑就是设计行业一种病态发展的迹象。病态的设计是同病态的大环境联系在一起的，也同设计师的病态经历和病态身心联系在一起，彼此推波助澜，形成恶性循环，久而久之就营造出日益病态而紧张的设计市场氛围。但是对于设计行业来说，如果所有的设计都一个思路和策略，没有人愿意去针对不同的项目任务进行创新研究，没有人愿意去探寻设计创新策略，那么设计师就没有继续存在下去的理由，设计行业也就失去了它所承载的社会功能。所以，即使面临如此艰难的设计市场，设计师依然需要有不向粗制滥造、复制性的设计妥协的勇气，这样未来市场才有可能更有创新的动力，未来是需要设计师们一起去打造的。

图 171：玩具商店，不同主题的玩具商店各有特色，吸引不同年龄段顾客探索。

图 171

图 172

## （二）客户

在设计提案的过程中，设计师并不能自己做决定，决定者是客户。
而客户在选择的时候，并不一定会选择设计师提供的最优解决方
案，而是在综合的评判下，甚至是利益优先的原则下进行选择，
在这样的情况下设计的力量其实是隐秘而深远的。

以实际项目为例。某金属拼接玩具公司想要做一些创新产品，经
过沟通后，我们提出加入新材料，引入盲盒销售，塑造 IP 形象等
创新的尝试。但是企业其实并不想要这些，原因在于其研发金属
材料多年，投入的成本很多，同时也只是想要好看的玩具外观能
卖个好价钱，并不愿意去顾及玩具背后的 IP 背景和品牌的塑造。
总而言之，创新所带来的研发成本是企业很难接受的，在漫长的
研发过程中回报也不是立竿见影的，设计师作为乙方，在这个过
程中只能尽量地提供多种解决方案，即使一些甲方出于短期回报
率低不会选择，但也是设计师应该去做的。我们既要满足对方需
求，也需要提供一个更优解，至于这个更优解企业愿不愿意选择，
也不是设计师能够决定的事情。

因为在具体设计市场中存在一个客观的事实：项目所有方总是希
望用最低的成本得到最好的设计方案。他们是设计消费的主体，
在对设计方案的招投标、审美评估、经费控制等等方面都掌握着
主动权。而对于设计方来说，虽然设计创新可以筑造企业品牌，
提升设计价值，但作为经营企业，对利润的追求和设计成本的控
制是它发展壮大的根本，设计的品质与设计价值都是成正比关系
的。在这种对立的关系条件下，如果放弃沟通或者沟通失效，基
于利润追求去迎合客户的要求被动完成设计，那么设计思维将没
有任何意义，更谈不上设计创新。所以产品实现创新有一个很重
要的前提，就是我们在之前的章节所谈到的设计沟通，跟客户之
间的良好沟通才能够使我们的创新可能实现。

创新并不是有意识就可以去进行，也会受到行业环境的影响和限

制，但是设计师为了自身的发展，需要在制约下戴着镣铐跳舞，才能够始终有作为一个设计师的创造力和原创精神。机会只留给有准备的人，也许某天，企业看到了设计师的方案，愿意付出时间和投入成本，那创新也许就有机会落地开花，而我们也需要为这种机会去努力和不断历练。

### 第三节　成为一个创造者

设计师，其实也是创造者。成为一个创造者意味着对他人成果的尊重、坚持不懈地原创、独立思考的能力、对社会和生活的关注甚至是对人类未来的思考，这需要很多成长和积累。设计师也需要经历一个从借鉴到学习再到创造的过程。

### （一）尊重创新和创造

创新的基础，就是尊重他人的成果，在设计的语境里就是尊重他人的版权。在初期的学习阶段可能会面临着很多需要借鉴他人的情况，无论如何都要尊重他人的设计成果，可以参考借鉴，不能直接照搬抄袭。参考的时候可以借鉴一些设计的思路和方法，但是在设计表达呈现上需要有自己的想法。尊重他人知识产权不仅是设计师的职业道德底线，也是社会发展的需要，坚持原创才可以保持良好的创作风气，形成良性竞争。

创新的第二个阶段，就是超越。超越是一种不需要借助他人的作品去探索的阶段，这个阶段是创造之前的结茧期。也许这个阶段只是行走在正常的轨道上，并没有到山寨的地步，但是也没有自己的核心创造力，只能保证基本的运营。这个阶段就像黎明前的曙光，只有在无数量变积累的那一刻，才有可能产生质变。做到坚持做自己的品牌，没有去山寨和抄袭，已经是一条艰难的道路，国内这样坚持的企业也是凤毛麟角，但是只要能够坚持下去，最后也会看到太阳升起。

创造就是坚持创新的结果，在不断地坚持和创新中，创造也会油然而生，形成自己的品牌，在市场中拥有自己的品牌创造力和竞争力。但是创造不是一个最开始就能达成的目标，比如国内有些企业也是从山寨和抄袭起家，随着发展开始步入正轨，意识到长期抄袭是没有未来的，于是买别人的版权去做产品，虽然已经走上合法的道路，但是依然没有原创的玩具 IP。中国玩具行业正处于转型阶段，越来越需要原创玩具来打响国内品牌，照搬和抄袭只会使玩具行业发展止步不前，缺乏继续上一个高度的活力。所以原创也是一个玩具设计师作为创作者的良心和初衷，只有更多人愿意坚持原创，国内市场才能焕发出不一样的色彩。

图 173: 那些年，人手一个 Game Boy 游戏机。在今天的中国，它已经被手机取代，成为了历史。

图 173

图 174

## （二）独立思考

创造离不开个人独立的思考以及对周遭生活的关注。康德曾说
"所谓启蒙，就是人从不成熟的状态中走出。启蒙的基本判断
依据是能否在一切事物中公开使用自己的理性，进行自由而独
立的思考。"一方面，我们处于一个每天都可以接收到各种碎
片化信息的时代，打开手机，各种信息目不暇接。一个人如果
不能独立思考，很容易被互联网上繁杂的信息牵着鼻子走，久
而久之也会慢慢丧失个人的判断力和独立思考的能力。另一方
面，在各大设计网站，大数据永远都可以给你推送你想要的风
格以及各种你会喜欢的设计图片，我们可以看到各种各样的设
计参考以及别人的创意。这样的环境可以带给我们很多帮助，
比如可以从别人的创意和各种信息中获取一些有利于创作的部
分，但是带来的弊端也显而易见，设计师很容易做一个别人创
意的"缝合怪"，缺乏对于自身创作的思考。我们所能获取的
信息是给我们的创造做辅助和参考的，一味地借鉴会消耗设计
师原有的创造力。

那我们需要从哪里去获取创造力？

首先就是保持独立思考，对任何事物有自己的看法和见解。其次，
要观察生活中的点点滴滴，注意很多小细节，像孩子一样去生活，
保持好奇心和探索欲。同时也需要坚持科学性，培养自己的批判
性思维，在面对各种信息的时候可以科学地分辨，有逻辑地判断。
最后，做设计离不开自己所处的时代，要观察现在整体社会经济
政治是什么情况，市场需要什么，人民群众在做什么，有怎样的
困境。设计师并不能一股脑地去解决所有问题，但是需要对大环
境有所辨别，在此基础上去做设计，做人们真正需要的设计，改
变和丰富人们的生活。

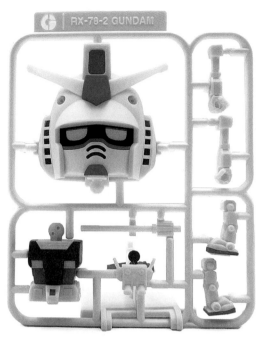

图 175：万代出品的钢普拉君拼装
玩具，创造了一种新的玩法。在传
统拼装的操作基础上，还提供了一
种以陈列展示为主的拼装玩法，很
有创意。

图 175

图 176

图 176、177：变形金刚 MP 系列产品，由孩之宝与 Takara 联合出品，代表着变形玩具最高设计水平。其还原度高、用料扎实、设计巧妙、把玩手感优良，当然，售价也是变形玩具中较高的等级。

图 177

# 附录一 名词说明

## 1. "钢普拉" (GUNPLA)

GUNPLA 是"高达模型"的缩写，是一种以树脂塑料为主要原料的拼装模型玩具，也是日本动漫作品《机动战士高达》的周边产品之一。

## 2. Gashapon

Gashapon 是万代原创胶囊玩具品牌。"Gasha"扭一下，"Pon"地掉出来，"Gashapon"的品牌名由此而来，此后也被人们作为扭蛋的名称。

## 3. 三叶草

CLOVER（三叶草）是一家玩具公司，该公司在万代前生产高达的合金成品玩具。在 1979 年，高达模型其实是三叶草一家独大。

## 4. 软胶嵌套关节

指一种由软性材料制成的关节结构，其解决了早期球形结构无法开模的技术难题，相比硬性材料具有更高耐久度，减少零件之间因磨损而导致的松散情况。

图 178

## 5. 免胶卡榫定位结构

指一种不使用胶水而是使用卡榫定位的结构，常用于组装和固定物体。如图 197 中的左右两个零件上黄色标点是相互对应关系，可以相互插接在一起而组成新的零件。

图 179

## 6. 多色成型技术

多色成型技术是一种塑料成型技术，其通过将不同颜色的塑料颗粒混合并加热成熔融状态，然后将混合物注入模具中，最终形成具有多种颜色的塑料制品。多色成型技术的优点在于可以实现塑料制品的多样化和多彩化，可以在一个板件上形成多个颜色，从而提高产品的美观性和市场竞争力。此外，多色成型技术还可以降低生产成本，提高生产效率。

图 180

## 7. 电镀技术

电镀就是利用电解原理在某些金属表面上镀上一薄层其他金属或合金的过程，是利用电解作用使金属或其他材料制件的表面附着一层金属膜的工艺从而防止金属氧化（如锈蚀），起到提高耐磨性、导电性、反光性、抗腐蚀性（硫酸铜等）等增进美观等作用。

## 8. 可动手指

可动手指是将多个零件通过连接结构组成一支与人类手指相同结构的玩具手，具备与人类手指相近的活动范围和造型能力。

图 181　　　　　图 182

## 9. 透明特效零件

指一种用于制作模型的零件，通常由透明材料制成，可以用于装饰或突出模型的特效细节。

图 183

## 10. 乐高创始人 Ole

奥莱·柯克·克里斯蒂安森（Ole Kirk Christiansen），乐高公司创始人、丹麦木匠。

## 11. 赛璐珞

赛璐珞（celluloid）是指塑料（plastic）所用的旧有商标名称，是商业上最早生产的合成塑料。

## 12. kiddicraft

Kiddicraft 是英国发明家希拉里·佩奇（Hilary Page）1932 年创办的公司。1939 年，英国发明家希拉里·佩奇用塑料做出了积木玩具的雏形。1947 年，Kiddicraft 公司又发明了经典的 2×4 基础颗粒。

## 13. Bri—Plax

在 20 世纪 30 年代早期和中期，希拉里·佩奇（Hilary Page）一直在尝试塑料玩具的成型，但是他的合伙人觉得塑料对公司来说太冒险了，尤其是那些已经陷入困境的公司，他们说服他成立了一家新的实验公司——英国塑料玩具有限公司（Bri-Plax）。

## 14. 自锁建筑积木

1937 年，英国发明家希拉里·佩奇（Hilary Page）推出了一系列塑料"Sensible Toys"在 Bri-Plax 名下。其中的连锁建筑立方体是一种在顶部有四个螺柱的空心塑料立方体，借助这四个螺柱，你可以层层相扣，堆叠出更大的组合图案，它于 1940 年获得英国专利。

## 15. 联锁颗粒—自动组装积木

1949 年，乐高推出了自动组装积木（Automatic Binding Bricks），就是我们现在熟悉的塑料乐高积木。初代乐高积木是 2x2 和 2x4 砖形开槽塑料积木；同时也推出了一批窗形积木，窗户有 3 种尺寸：1x4x2、1x2x3 和 1x2x2。积木的颜色有红色、白色、黄色、绿色、蓝色，这些鲜明而又简单的色彩是从现代几何抽象之父、荷兰画家蒙德里安（Mondrian）的作品中得到了灵感。

图 184

## 16. 收缩率

塑料的收缩率是指塑料制件在成型温度下尺寸与从模具中取出冷却至室温后尺寸之差的百分比，它反映的是塑料制件从模具中取出冷却后尺寸缩减的程度。

## 17. 内应力

内应力是指在材料内部产生的应力，通常由于材料内部结构的缺陷、不均匀性、外力作用等原因导致。

## 18. 排气槽

在模具设计中，排气槽（Air outlet groove）是指在模具中，用于将内部气体或液体排出的槽或通道。排气槽通常设计在模具的分型面、浇注口、流道、排气口等部位。排气槽的作用是保证型腔中的气体能够顺利排出，以便在加工或使用过程中将内部气体或液体顺利排出，避免气体或液体在模具内部积聚和压力过大导致模具损坏。

## 19. 批锋

批锋指产品边缘部位多出的无用部分，因为多出的部分通常有点伤手，所以带有锋。塑胶行业中也称毛边，飞边，溢边为批锋。批锋通常产生于模具分型面上，是由于材料流动性，模具结构缺陷，成型工艺不适当造成的。

## 20. 背压

背压，指的是后端的压力，通常用于描述系统排出的流体在出口处或二次侧受到的与流动方向相反的压力（大于当地大气压）。

## 21. 干粉着色

干粉着色是一种涂料施工工艺，也称为干粉涂料着色或干粉颜料着色。在干粉着色工艺中，涂料被制成一种干燥的、粉末状的形式。

## 22. 软 PVC

软 PVC 是指聚氯乙烯（PVC）树脂中的一种，其相对密度小，具有良好的柔软性、耐化学腐蚀性、耐老化性和耐应力性能，通常用于制造管道、板材、薄膜、电线护套等塑料制品。

## 23. 流道

流道是指塑料制品加工过程中，熔融塑料从注射机喷嘴进入模具型腔的通道。流道通常由流道板、分流道、主流道、喷嘴等组成，其形状和尺寸根据塑料制品的设计和工艺要求而确定。

## 24. 浇口

浇口也称为进料口，是指从分流道到模具型腔的一段通道，是浇注系统中截面最小且最短的部分。

## 25. 缩水痕

在注塑成型领域，缩水痕所指的是由于产品厚薄不均匀而导致产品表面有类似下陷的痕迹。

## 26. 高密度聚乙烯

高密度聚乙烯（High Density Polyethylene，HDPE）是一种聚合物，它是由乙烯单体经过聚合反应而成的。HDPE 是一种无色、无味、无臭的塑料，具有较高的密度和结晶度，具有良好的力学性能、化学稳定性和透明度。

## 27. 坯件

坯件是塑料制品加工中的重要半成品，通常需要进行后续加工和装配才能成为完整的塑料制品。

## 28. 翘曲

翘曲是塑件未按照设计的形状成形，却发生表面的扭曲，塑件翘曲导因于成形塑件的不均匀收缩。

## 29. 行位（滑块）

在模具行业中，行位（滑块）通常是指一种用于实现零件成型过程中的运动控制部件。它通常由一个或多个滑块、滑轨、导向装置等组成，可以在模具内部实现纵向或横向运动。

行位滑动方向

图 185

## 30. 氯化钙的饱和甲醇溶液

指将氯化钙溶解在饱和的甲醇溶液中，用于去除污垢或进行表面预处理。

## 31. 隐藏水口

隐藏式水口是一种加工工艺设计，其将水口（加工时为避免零件断裂而设置的多余部分）设计在零件的背面，最终在零件加工完成后，完全看不到水口的存在。这种设计通常用于需要高精度加工的零件，以确保零件表面的光洁度和尺寸精度。

图 186

## 32. 玩具化妆

玩具化妆是指对玩具进行化妆改造的过程，通常用于角色扮演或动漫游戏周边制作。在玩具化妆中，玩具的外表被涂上颜色、图案或者其他装饰，以对外观进行优化，增加个性度。化妆通常使用化妆品，如油漆、颜料、指甲油、色粉等，以及刷子和其他工具。有些玩具化妆需要对玩具进行改装。

图 187

图 188

## 33. 壁厚

壁厚（wall thickness）是指在一个固体物体的外部或内部，沿着物体长度或宽度方向测量的相邻两个壁之间的距离。在工程和制造领域中，壁厚通常是指零件或组件的厚度。

## 34. 倒角

倒角指的是把工件的棱角切削成一定斜面的加工方式。倒角是为了去除零件上因机加工产生的毛刺，以便于零件装配，一般在零件端部做出倒角。

## 35. 拔模角度

拔模斜度也就是脱模斜度，是为了方便出模而在模腔两侧设计的斜度。脱模斜度的取向要根据塑件的内外型尺寸而定。为了让成型品可以顺利顶出脱离模具，在与模具闭合相同方向的壁面（包括侧型芯与加强肋），必须设定拔模斜度以利脱模。

## 36. 加强筋布置

加强筋通常由高强度材料制成，可以在零件或组件的表面内部或表面外部设置。加强筋布置（strengthening rib layout）是指在结构设计中，为增强零件或组件的强度、刚度和稳定性而设计的加强结构。

## 37. 配合公差

配合公差（fit tolerance）是指组成配合的孔、轴公差之和，它是允许间隙或过盈的变动量，孔和轴的公差带大小和公差带位置组成了配合公差。

## 38. 咬合方式

指不同物体之间的连接方式，通过咬合或镶嵌来实现连接。

## 39. 模腔

模腔，又称型腔，即模型的内腔，是模具中成型塑料制品的空间，也是容纳胶料和注压胶料的空间。

## 40. 分型面

在模具设计中，分型面是指用于将零件或组件分离成多个部分的平面或曲面，分型面是为了将已成型好的塑件从模具型腔内取出或为了满足安放嵌件及排气等成型的需要，一般分为水平分型面、垂直分型面和复合分型面。

## 41. 保压时间

保压时间是指注塑成型或压缩模塑时，物料充满模腔后在一定压力下保持的时间。型腔一般指模具型腔。

## 42. 镀铬

镀铬是一种金属表面处理技术，通

过在金属表面涂覆一层铬化合物来增加金属表面的耐久性和美观性。

## 43. 憎水

在材料学中，憎水是指材料表面的电子结构和化学组成使得其表面呈现出对水分子的排斥力，从而导致材料表面的水接触角显著大于 180 度，即材料表面与水分接触时会产生排斥作用，不易发生水分子的接触和吸附。

## 44. 涂层被覆处理

指通过喷涂或浸泡等方式将涂层覆盖在物体表面的过程，用于提高物体的耐用性和美观性。

## 45. 镀层被覆处理

指通过电镀等方式将一层金属覆盖在物体表面的过程，用于提高物体的硬度和耐用性。

## 46. 除油

除油是表面处理重要工序之一，除油通常为了去除表面的污垢和杂质，提高表面光洁度、增强涂层的附着力和延长材料的使用寿命。

## 47. 附着力

附着力是指物体表面与另一物体表面之间的黏附力或摩擦力。

## 48. 有机溶剂

有机溶剂是指一类能够溶解或分散固体、液体或气体物质的化学物质，通常具有碳氢化合物的结构。

## 49. 表面活性剂

表面活性剂是指能够显著降低液体表面张力的化学物质。它们分子结构通常包含一个亲油端和一个亲水端，这使得它们能够吸附在液体表面，形成乳状或泡沫状结构。

## 50. 粗化

粗化指在表面化学处理过程中，通过在材料表面形成氧化膜或其他化合物来增加材料表面的粗糙度，以提高材料表面的黏附性、摩擦系数和耐蚀性。

## 51. 基体

指材料内部的基质或基础，决定了材料的物理、化学和机械性能。例如，钢铁基体决定了钢材的物理和化学性能。

## 52. 耐候性

耐候性通常指材料在户外自然环境中经历风吹、日晒、雨淋后的性能表现。耐候性差的材料容易老化、变色、龟裂。

## 53. 铆接

指通过铆钉或铆接器将两个或多个组件连接在一起，通常用于金属组件。

## 54. 搭扣连接

搭扣连接是一种机械连接方式，其中两个或多个零件通过相互扣接的方式连接在一起。这种连接方式通常用于需要拆卸或重复使用的场合，因为它比永久性连接更易于拆卸和重新组装。

## 55. 柔性

"柔性"是指生产组织形式和自动化制造设备对加工任务（工件）的适应性。

## 56. 宝丽石（人造石）

宝丽石有 UP 型及 MMA 型，其中 UP 型是运用特种不饱和树脂、丙烯酸酯、氢氧化铝粉及颜料经真空浇注高温聚合而成的一种高级实心装饰材料；MMA 型是在 UP 型基础上开发出的新产品，其主要成分是甲基丙烯酸甲酯、氢氧化铝粉，为 100% 亚克力实体面材。其兼具了木材的可塑性和石材的坚韧性，表里实心一体，结构致密；色彩亮丽纯正，高贵典雅；接口平滑无缝，浑然一体，被广泛应用于厨房饰面板、家居和商业建筑的各类台面和墙面装饰上。

# 附录二　图例目录

https://www.prime1studio.com/new-products.html?p1s_series2=489

图 17：GAN 魔方

https://mall.jd.com/index-1000111322.html?from=pc

图 18：思乐翼龙仿真玩具

https://detail.tmall.com/item.htm?abbucket=11&id=592784367133&rn=9fcab66bd204986bd6a42334ec9f7116&spm=a1z10.5-b-s.w4011-17085903314.55.1ef277efxZx7F2

图 19：杯缘子小姐

https://kitan.jp/products/fuchico_07/

图 20：鲍勃·马利（Bob Marley）

www.playingforchange.com

图 21：猫

https://www.nationalgeographic.com/animals/mammals/facts/domestic-cat

图 22：深泽直人

www.muji.com.hk

图 23：鸡尾酒

https://www.pexels.com/zh-cn/photo/16699042/

图 24：彩虹

https://www.pexels.com/zh-cn/photo/87584/

图 25：木制玩具

https://www.keithnewsteadautomata.com/

## 第二章

图 26：过家家

http://detail.tmall.com/item.htm?id=615115781761&ali_refid=a3_430673_1006：1151626626：N：TcH4J76g1xmLkb49F2HqkGOOIzUeHJ+/：51cd4fcc8801feca4290b4f3bef92db4&ali_trackid=1_51cd4fcc8801feca4290b4f3bef92db4&spm=a2e0b.20350158.31919782.17

图 27：哆啦 A 梦

http://www.moxing.net/

图 28：塑胶人和狗

www.planetfigure.com

图 29：扭蛋机

https://entervending.com/

图 30：《宇宙刑事卡邦》《圣斗士星矢》《龙珠》《怪博士与机器娃娃》海报

https://movie.douban.com/

图 31：乐高

https://morphun.com/

图 32：乐高店，拍摄源于张祺

图 33：万代产品

https://www.boredpanda.com/

图 34～36：塑胶产品

https://deli.tmall.com/

图 37：绘制源于樊雪儿

图 38～43：塑胶颗粒

https://www.taobao.com/

图 44、45：明日香

https://bandaihobby.tw/product-
laboasuka-final/

图 46～48：明日香

https://weibo.com/gundaminfo

图 47、48：明日香板件，拍摄源于郭天旭

图 49：巴巴托斯大图

https://bandaihobbysite.cn/

图 50～61：巴巴托斯零件细节，拍摄源于郭
天旭、魏子昂

图 62：MP-36 威震天海报

https://www.pinterest.com/

图 63：MP-36 威震天 A 形态

https://tf.takaratomy.co.jp/products-
lineup/tf_mp/mp-36

图 64～71：拍摄源于张跃、樊雪儿

图 72：万代工厂

https://www.bilibili.com/video/
BV1gz4y1R7ZK/?spm_id_from=333.337.

search-card.all.click&vd_source=fe8ede6a78
f696b701aa04903088a29a

图 73、74：绘制源于张跃

图 75：达·芬奇人体

https://www.pinterest.com/pin
/439663982375053483/

图 76：断臂维纳斯

https://mymodernmet.com/venus-de-milo-
statue/

图 77～88：作品源于黄梓煊


**第三章**

图 89：程序大图

https://i.pinimg.com/originals/da/d3/37/da
d33783648aa4e8cd7cd492338c1795.jpg

图 90：康定斯基

https://useum.org/artwork/Composition-
VIII-Vasily-Kandinsky-1923#nav%5Blist%5D=
search&nav%5Btype%5D=common&nav%5
Bphrase%5D=Wassily%20kandinsky

图 91：蒙德里安

https://useum.org/artwork/Composition-
II-in-Red-Blue-and-Yellow-Piet-Modrian-
1930#nav%5Blist%5D=search&nav%5Bty
pe%5D=common&nav%5Bphrase%5D=Pi

**第四章**

图 119：开模

https://www.smooth-on.com/

图 120：草图

UC0083-UC0096 沙扎比刹帝利卡碧尼高达设

定集原画集线稿画册素材

图 121：高达模具

https://www.bilibili.com/video/BV1gz4y1R7ZK

/?spm_id_from=333.337.search-card.all.

click&vd_source=fe8ede6a78f696b701aa049

03088a29a

图 122～125：绘制源于樊雪儿

图 126：注塑机

https://www.1688.com/zhuti/-

baa3ccecd5e3bdadd7a2cbdcbbfa.html

图 127～129：绘制源于樊雪儿

图 130、131：拍摄源于张跃、樊雪儿

图 132：MASTERPIECE 扇叶

https://tf.takaratomy.co.jp/products-lineup

/tf_mpm/mpm-13

图 133：肌理

https://www.pinterest.com/

图 134：绘制源于樊雪儿

图 135、136：建模渲染源于魏子昂

图 137：超级机器人

https://www.pinterest.com/pin

/708050372686714896/

**第五章**

图 138：C-Girl 宝藏娃娃

https://www.artfoxlive.com/product

/6074824.html

图 139：抱抱熊

https://www.juxtapoz.com

图 140：环保

https://art.branipick.com/this-awareness-

ad-about-ocean-pollution/

图 141：绿色

https://www.pexels.com/zh-cn/photo

/1954488/

图 142：机动奥特曼

https://easternmodel.com/

图 143：POP MART

https://www.popmart.com.cn/home/about

图 144～150：POP MART

https://weibo.com/popmart

图 151：宣传图

https://weibo.com/bandaigz

图 152～166：哪吒细节图，拍摄源于郭天旭、

樊雪儿

图 167：玻璃珠

https://www.pexels.com/zh-cn/photo/139167/

图 168：海洋球

https://www.pexels.com/zh-cn/photo/8422249/

图 169：精灵球

https://www.pexels.com/zh-cn/photo/1310847/

图 170：跳跳球

https://www.pexels.com/zh-cn/photo/7427582/

图 171：玩具商店

https://roomclip.jp/photo/B5GM

图 172：百宝玩具盒

https://fineartamerica.com/

图 173：游戏机

https://www.pexels.com/zh-cn/photo/3ds-1367036/

图 174：阿童木

https://www.pexels.com/zh-cn/search/original/

图 175：钢普拉君，拍摄源于张跃、樊雪儿

图 176：白虎

https://tf.takaratomy.co.jp/products-lineup/tf_mp/mp-50

图 177：飞毛腿

https://tf.takaratomy.co.jp/

图 178～182：拍摄源于樊雪儿

图 183：初号机

https://p-bandai.com/tw/item/N2535729001001

图 184：乐高

https://www.lego.com/zh-cn/history/articles/c-automatic-binding-bricks/?locale=zh-cn

图 185、186：拍摄源于郭天旭

图 187：塑胶

https://pin.it/2zpnwhV

图 188：BJD

https://item.taobao.com/item.htm?spm=a1z10.3-c-s.w4002-24594927588.9.46f15bbekq1Gr8&id=637355224183

# 附录三 参考目录

[1] 王振伟，赵永伟，玩具设计概论 [M]，北京：中国轻工业出版社，2013.

[2] 肯·罗宾逊，申志兵，让天赋自由 [M]，北京：中信出版社，2009.

[3] 尹定邦，柳冠中，设计方法论 [M]，北京：高等教育出版社，2011.

[4] 万艳萍，周丽丹，有效设计沟通管理的体系的建立 [J]，中国商界（下半月），2008,(10):138

[5] 丁艺，设计沟通之于设计实施的意义思考 [J]，科技信息，(科学·教研)，2008,(31):230.

[6] 清华大学，装饰 [J],2021(2)，北京，中国装饰杂志社，2021.

# 后记

之所以写这本关于玩具设计的书，原因在于国内谈相关内容的书籍很少，更少有针对目前设计类本科教学的实际情况而配套的教材。另外，大众对玩具的认识和理解也停留在上个世纪，如小学门口地摊上蹦跳的发条青蛙，百货商店里会眨眼的芭比娃娃等等，需更新认知。

用一本书把玩具、设计等相关内容说清楚是不太可能的。但转念一想，虽然本人对玩具的理解有限，做玩具设计的经验不足，可却身处中国玩具之都（汕头澄海）和汕头大学这两个地利因素之上，不做些关于玩具设计的事情，确也惭愧。

时间过得飞快，书本内容经历了三年的修修改改，增增减减，虽未形成非常完整且有学习价值的读物，但还好算是写完了，请各位读者批评指正！本书仅作为玩具设计学习和研究的参考书，不涉及任何的商业用途，部分图片资料来源于网络，仅供欣赏，如有侵权请立即与本人联系。

最后，感谢汕头大学长江艺术与设计学院提供的良好的科研环境，感谢山东美术出版社的帮助，感谢为本书付出辛苦努力的各位同事和朋友。

张跃 汕头大学
zhangy1@stu.edu.cn
2024 年 9 月